# 森と神と日本人

# 第Ⅰ部　森と神と日本人

# 森と日本人
## ――自然と人間の共生の場・「鎮守の森」の再生――

### 環境と人権は不可分の課題

二〇一〇年は、生物多様性条約第十回締約国会議が名古屋で開催され、生物多様性というそれまで耳慣れなかった言葉が、ようやく一般にも知られるようになった年である。さかのぼって一九九七年十二月、第三回気候変動枠組条約締約国会議においては、先進国に温室効果ガス排出削減目標を課す「京都議定書」が採択されている。この二つの条約は、ブラジルのリオデジャネイロで一九九二年に開催された国連環境開発会議で同時に採択されたもので、いわば双子の条約であった。加えて二〇一一年が国連の定める「国際森林年」であったことも想起される。地球規模での課題が山積する中で、今改めて自然と人間との共生が世界的に問われている。

二十世紀の前半、人類は二つの世界大戦を引き起こし、地球規模での戦争を繰り返した。二十世紀の後半には民族間の対立が顕著になり、宗教をめぐる紛争も続いている。このように、二十世紀は戦争の世紀であったと同時に、科学技術の高度化に反比例して地球の汚染や温暖化が進み、地球の自然環境自体が危機に至った時代であった。

一方、一九九四年十二月の第四十九回国連総会では「人権教育のための国連十年」が採択され、行動計画の中で初めて「人権文化」(Culture of Human Rights) という言葉が使われた。いのちの尊厳を自覚し、人間が人間らしく自然と調和して幸せな暮らしを共に生みだしていく、その行動と実りが人権文化である。人間は自分の力だけで生きているわけではない。日々の暮らしの中で、家族や周囲の人々との交わりがあり、同時に、人間は自然の中で生かされている存在である。

これらを総合的に捉える時、環境と人権の問題は不可分であるといってよい。現今の社会情勢をかえりみても、現代は人のいのちが非常に軽んじられている時代だと言える。二十世紀は地球の汚染が進み環境が破壊された世紀であると同時に、人権がもっとも侵害された世紀でもあった。だからこそ私は、二十一世紀は人権文化が本当の意味で輝く世紀になってほしいと切に願う。

## 日本文化の基層につながる「鎮守の森」

自然との共生の観点から、私がつねづね注目してきたのが、日本の歴史と文化の基層につながって存続してきた「鎮守の森」のありようである。日本人にとって親しみ深くかつ神聖なる森は、それに対する畏れと慎みのこころとともに、歴史の中で守り生かされてきたのである。

「森林」という言葉があるように、一般に森と林は同義のものか、あるいは大小の差として理解されがちだが、厳密に言うと両者は異なる。英語で言うと森はforestで、林はwoodである。ヤマト言葉でも、モリというのは自然のままの森で、ハヤシというのは人工が加わった樹林を意味した。

　これですぐに思い起こされるのは、里山の雑木林などだが、これは地域の人たちが手を加えて育て、また薪などの燃料や木材ほかの林産物を得て活用してきたところである。したがって、鎮守の森の中にも、自然のままのものと人間の手が加わったものの両方がある。歴史的に古い形の神社では、山の奥に奥宮があって里山には里宮がある。奥宮はまさに、自然の森であり、里宮の方は人の手が加わった樹林である。

　モリとハヤシという言葉を文献の上でたどれば、古くは、天平五（七三三）年にまとめられた『出雲国風土記』の中に、「母理郷《もりごう》」と「拝志郷《はやしごう》」の記述がある。ここでは、モリの村とハヤシの村とが分けられている。また、『万葉集』には、「山科の石田《いわた》の社《もり》に……」「木綿《ゆう》かけて斎《いわ》ふこの神社《もり》……」という歌がある。「社」とはすなわち木々が茂った場所のことで、『万葉集』の時代では、社はすなわちモリと受けとめられていた。現代では神社というと、本殿があり拝殿がある建物を連想するが、古い時代にはそういう建物はない。「神奈備《かんなび》」という神が鎮まる神体山や神の宿る岩や石（磐座《いわくら》）などがあった。例えば奈良県桜井市には大神神社《おおみわ》があるが、その後方の三輪山が神の鎮まる「神奈備」であり、山内には磐座群があって、現在も大神神社には本殿はない。こうした山は、御諸山《みもろやま》とも言われた。『万葉集』（巻第十三）の中に「三諸《みもろ》は人の守る山……」という歌もあるが、このような聖なる山は、自然と共に人々が守ってきたものであることが知られる。

また、『出雲国風土記』の中で、秋鹿《あいか》郡の女心高野《めごころたかの》の条には、「上の頭《ほとり》に樹林在り、此《これ》則ち神の社なり」とある。北側に樹林があって、その樹林そのものが神社であるという意味である。

このように、ヤマト言葉ではモリとハヤシについては、古くからかなり明確に区別されていたが、その後は日常の暮らしの中では混用して使われてきた。いずれにしても、山や森や林には神が鎮まるのだという信仰が古くからあったことがわかる。森はすなわち神の宿る聖なる山であり、神の宿る聖なる樹林であると信じられてきた。だから、鎮守の森の樹木をみだりに切ってはならないという自然に対する畏怖と慎みの中で、鎮守の森は日本の各地で残されてきたといってよい。

## 「鎮守の森」の危機から社叢学《しゃそう》の提唱へ

歴史的にも日本人の生活文化に密接につながっていた鎮守の森であったが、この森は近代になってから、二度も大きな危機に見舞われた。

一度目は、明治三十四（一九〇一）年から始まる明治政府の強引な神社の統廃合である（通説は明治三十九年からだが、実際の動きはそれ以前からはじまる）。神社の統廃合は当時の内務省によって促進された。それに対して、明治四十二（一九〇九）年に敢然と反対の声を上げたのが、和歌山県の田辺に居住していた南方熊楠だった。

南方は世界に誇るべき粘菌研究の生物学者であり民俗学者でもある。彼は明治四十五（一九一二）年の『日本及日本人』という総合雑誌の四月号から六月号に、三回にわたって神社合併反対の意見を書いたが、そこには自分がなぜ神社合併に反対するのかという、いくつかの理由を列挙している。

例えば、神社の鎮守の森は貴重な動植物が生きている聖域であり、またその地に残される伝説などの民俗学的な遺産も森が失われると消えてしまうと論じている。それに加え、次に示す理由は、現代の視点から考えても非常に深い感銘を与える。彼は、「合祀は人民の融和を妨げ、自治機関の運用を阻害する」と指摘したのである。古い神社や鎮守の森は、人間相互の寄り合いと自治の場であったにとどまらず、自然と人間の共生の場でもあったことを、明治末年の時期に見抜いていたことは、まさに南方の卓見と言うべきだろう。

古い時代の場合、「逃散《ちょうさん》」という言葉があるように、国家や荘園領主などの権力の圧迫が強まると人々は郷里を捨てて逃げ去る場合が多くあった。ところが十四世紀の南北朝時代以降になると、人々はその地に留まり団結して闘うようになる。こうして、いわゆる荘園のしくみの枠をこえた「惣村」・「惣郷」が誕生する。郷土で郷土を愛する郷土愛が育ったのがこの時代である。この時、村や地域の結合の場所として、鎮守の森が大きな意味を持つようになっていった。

　鎮守の森は寄り合いの場所であり、村の長《おさ》を中心に自治をし、神の前で村の掟《おきて》なども定めた。鎮守の森の手入れは村の人間で行うのが原則であった。林産物の活用や森を育て守るための取り決めなども、ここから生まれてきた。そしてまた、同時にそこは芸能の場所でもあった。猿楽が演じられたり、相撲がとられたりと、現代風に言うと、村人たちの娯楽やコミュニケーションの場所にもなっていった。このような意味でも、鎮守の森は、日本文化の基層を形づくり、それ故に守り生かされてきたのでもある。

　明治の神社合併には南方熊楠らの努力によって次第に反対意見が高まり、大正七（一九一八）年に神社合併無益の決議が衆議院でなされるに至った。しかし、神社合併以前は全国に約十九万の神社があったのが、大正六（一九一七）年の統計では十一万にまで激減するという結果となった。

　二度目の危機は、戦後からバブルの時代にかけての時期であった。全国的に土地開発が進められ、各地の村にも工場などが建設されていく中で、鎮守の森がその用地の対象とされたことなどによる。鎮守の森を削って工場や廃棄物処理場ができたり、団地の一部になったり、道路が森の中を通ったりした。また、都市を中心にバブル経済が展開したが、それとは逆に農村・山村・漁村の人口が減っていき、鎮守の森を維持することができなくなったところも生まれてきた。このような地域共同体の衰退にともない、存続の危機にさらされている鎮守の森は今も少なくはない。

私たちが、二〇〇二年の五月に、歴史学、民俗学のほか、地理学、植物学、動物学、建築学、都市計画学などのさまざまな専門分野の人々に呼びかけて、京都下鴨神社の糺《ただす》の森に集まり、「社叢《しゃそう》学会」を結成したのも、そういう状況に対して深刻な危惧の念を感じたからである。

この学会は、日本文化の基層にあった鎮守の森をはじめとする聖なる樹林を学際的に調査・研究し、その保存と活用をはかることを目的としている。その際、学会名を「社叢」としたのは、調査・研究対象とするのは、神社の森だけではなく、寺院の森から、沖縄の聖なる森ウタキ（御嶽）なども含めるためで、さらにはアジアから世界につながる、より広い視野からこの問題を追究していきたいと考えたからである。

聖なる場所であり、人々が集まる場所として、鎮守の森（＝社叢）を捉え直していくことがこれからの時代にとっても非常に価値を持つものであると私たちは考えている。鎮守の森は人間が生かし、人間が参加して生まれたもので、いわば自然と神と人との接点であり、鎮守の森は、人間と自然との共生を象徴する存在とも言えるからである。

## 森の再生からコミュニティの再生へ

「鎮守」という言葉は、中国の古典に古くから出ており、三世紀後半の『三国志』の「魏書（魏志）」には「鎮守之重臣」とある。また、五世紀の北魏の時代になると、軍隊の駐屯地を「鎮」と呼び、八世紀頃の唐の時代では、軍政区を「鎮」と呼んでいた。日本でも、八世紀に坂上田村麻呂が赴いたのが陸奥国の鎮守府。近代でも、海軍の呉鎮守府あるいは舞鶴鎮守府などのように、長く軍隊用語として使われてきた。

その一方で、各神社の産土神《うぶすなのかみ》を祭っている森のことを鎮守の森と呼ぶことも古くからあった。私が知る限りで一番古い例は、平安時代の編年体の歴史書『本朝世紀』の天慶二（九三九）年正月十九日の条に「鎮守正二位勲三等　大物忌明神」とある記載で、それ以後「鎮守の神」という表現は文献などにさかんに出てくる。

日本人の間に「鎮守の神さま」という言葉が広がったのは、文部省唱歌「村まつり」の歌詞、「村の鎮守の神さまの　今日はめでたいおまつり日～」からであろう。以降、「村の鎮守」という言葉が一般化し、「鎮守」は氏神や産土神を指すようになった。今ではこちらの意味合いの方が強くなっている。

地域によっては現在においても、こうした祭りが、そこに住む人々のつながりの原点となっている。阪神・淡路大震災の復興の過程でも、神戸の長田地区の長老たちが、自分たちには祭りを通じて培ってきた地域共同体があって、そのつながりがまちの再生にたいへん役に立っていると話されていたのが印象に残っている。こうした実例からも神社の祭りがコミュニティのエネルギーを結集する場になっていることを再確認することができる。

人と人とのつながりが希薄化していると言われる現在、鎮守の森の神を中心にした祭りに具現化する、こうした寄り合いの精神を改めて見直すべきではないか。祭りや芸能、人々のコミュニケーションの場、そして神と人とがふれあう場所、それが鎮守の森であったということ。鎮守の森を媒介にしたコミュニティの再発見や、鎮守の祭りを中心にしたコミュニティのよみがえりを考えることは、今後いっそう重要なテーマになっていくと思われる。

人権と環境とが別々の問題ではないということがここにも現れている。人間のいのちの安全は、自然の保全なくしてはあり得ない。自然と人間との共生みの中での人間のあり方が十分に認識される必要がある。

## 自然との調和を求めてきた日本人

鎮守の森の再生を考えるとき、二つの大切な事例がある。東京の明治神宮は大正九（一九二〇）年に生まれたもので、森もその時につくられた。今日まで九十年あまりが過ぎ、神宮の森が茂っている。これは近代日本が新たにつくり出した鎮守の森である。もう一方は、京都の糺《ただす》の森。元々は百五十万坪の広さがあったと伝えられている。今はかなり小さくなっているが、それでもまだ東京ドーム三つくらいの面積は残されている。それは、昭和に入ってからの保存運動の成果でもある。糺の森には今も小川が流れていて、初夏にはホタルも舞う。近年でも、それに合わせて蛍火茶会が開かれるなど、この森は四季折々の日常の中で、市民に潤いを与える場となっている。

鎮守の森の多くは、昔から聖なる水が湧き出る場所でもある。植物も動物もそこに生きる。我々はこうした自然を意識的に生み出していくべきではないか。保存は放置ではない。保存は人が守って活用していくということである。それも、今ある森を守ろうというだけではなく、本来の森の姿に復元していくべきだと考える。鎮守の森を再生するために、池や井、泉、小川など水の環境も整備し、腐葉土をつくり、動植物の生きる場をつくり、よりよい森を守り育てるような働きかけが必要とされている。

漁民の方は「森は海の恋人」だと言われる。山から植物プランクトンが運ばれてきて、それが魚や貝の餌になり、海藻も育つ。昔から「森が枯れると海が荒れる」というが、漁民はそうしたことを直感的に知っていたのである。山、森、川、海までのつながりの中で、自然と人間との共生を捉え直してみることで環境問題の実相が見えてくる。

著名な物理学者であった寺田寅彦は、昭和十（一九三五）年十二月の死去の少し前に「日本人の自然観」という論文を書いている。私は学生時代にこれを読んで非常に感銘を受けた。寺田寅彦は、その中で、ヨーロッパの科学は自然と対決し自然を克服して発展してきたが、日本の科学は自然に順応し自然と調和することの経験の蓄積を前提に発展してきたと書いておられた。私が社叢学を提唱した背景には、日本人の、自然に順応し調和する智恵を再評価するべきだとの思いがある。

さらに、日本人の神の観念は「万有生命信仰」に基づくと私は考えている。それは、あらゆるものに生命があるという信仰だが、これは決して多神教ではない。言い換えるならば、あらゆるものに神を認める、汎神教《はんしんきょう》である。同じように、比叡山延暦寺を開いた最澄も、「山川草木悉有《しつう》仏性《ぶっしょう》」と言っている。これも、あらゆるものに仏性を認めるということである。そして、神と仏は共存する。ご先祖さまは神さまでもあるし仏さまでもある。だから一軒の家の中に神棚と仏壇が共存する。これは、日本人の主体性のなさを表すという言い方もされるが、その本質は、対決よりも調和を求める日本人のこころのありようを物語る。対決よりも調和、その本質を自覚することが、これからの時代に役立つ智恵となるに違いないと私には思われる。

## 自然と人間の共生と日本からの発信

ケニアの元環境副大臣でありノーベル平和賞受賞者であるワンガリ・マータイさんは、「もったいない」という日本の言葉がゴミ削減（リデュース）、再使用（リユース）、再資源化（リサイクル）、尊敬の念（リスペクト）の4Rを表していると語り、これを環境保護の合言葉にしようと提唱されている。ところが、マータイさんに改めて取り上げられるまでは、このすばらしい言葉も、どちらかと言えば日本人の間では忘れられていた。

この日本語がいつ頃から使われたのかを調べてみると、鎌倉時代の『宇治拾遺物語』の中に「もったいない」とある。驚いたことに、『太平記』には、例えば大家が「断亡」していくことに対して、「もったいなく」と書いてある。ものを無駄遣いするのを「もったいない」と言うだけでなく、いのちが絶えてゆくことをもったいないというような言葉も使われていることは、毎年三万人をこえる自殺者がある今の世のなかで、改めて注目に値すべき言葉だと思う。

もうひとつ「おかげさま」という言葉も現代ではあまり使われなくなっている。昔は「お元気ですね」というと、「おかげさまで」と応えたものだ。もちろん、両親のおかげ、世間のおかげ、友人のおかげなどもあるけれど、そこには神仏のおかげ、自然のおかげも含まれていた。この「おかげ」という言葉も、さかのぼると奈良時代から使用例がある。また、伊勢神宮に参るのを

「おかげまいり」と言うが、これは二十年ごとの式年遷宮の翌年が「おかげ年」で、この時に参るとさらなる神さまのおかげがいただけるという信仰に基づく。こういう日本語は、まさに自然と人間の共生を象徴している言葉ではないか。

延長五（九二七）年に完成した『延喜式』の巻八には神さまに奏上した祝詞《のりと》が載っている。その「延喜式祝詞」の古い祝詞には、後代のものとは全く異なり、神さまに対する願い事が一切書かれていない。あるのはただ感謝の言葉だけである。そのありようはまさに「おかげ」信仰の反映と言ってよい。日本に古くからあったこうした人と自然との関係性、その原点に立ち返って人間と自然との共生を改めて考えていく必要があろう。

社叢学の今後の課題は多いが、手応えも大きい。社叢インストラクターの養成に努め、会員による定点観測なども含めて地道な研究が進められているところである。鎮守の森や里山など、人々の暮らしの近くにあって、人の手が加わって存在する森や林の再生と活用は、世界的な観点からも今後いっそう研究が進められていくべきであろう。

# 伊勢と日本の神々

## 神宮の神々

平成二十五（二〇一三）年には、第六十二回伊勢神宮の式年遷宮が行われます。日本の神社の中核ともいうべき伊勢神宮の式年遷宮が、国民の協力の中で有意義に、立派に成し遂げられることを心から念じている一人です。

多くの方は、天照大神をお祀りしている伊勢内宮の正宮、豊受大神《とようけのおおかみ》をお祀りしている伊勢外宮の正宮、この二つの正宮にお参りになって、無事伊勢参拝が終わったというように思っておられる方が多いと思いますが、伊勢神宮は、百二十五の社で成り立っています。伊勢の内宮では正宮が中心ですが、そのほかに正宮に準ずる大変重要な社、別宮《べつぐう》が十社あります。例えば、正宮の後ろの荒祭宮があります。正宮の後ろからの参拝道がありますが、天照大神の荒御魂が祀られている立派な社です。そういう別宮が十社あります。外宮にも、正宮のほかに別宮が四社あります。そして、内宮の攝社《せっしゃ》が二十七社、外宮の攝社が十六社、内宮の末社が十六社、外宮にも末社が八社あります。所管社、すなわち内宮が司っている所管社が三十社、外宮が司っている所管社が四社、さらに内宮の別宮が管理している別宮所管社が八社、併せて百二十五の社で成り立っています。何度も伊勢参りをしておりますけれども、百二十五社のすべてに参拝してはおりません。まだ四十社ばかり回れていない社があります。

もっとも、歴史的に申しますと、百二十五社が、伊勢神宮が式年遷宮を始めます持統天皇の代にすべて存在したかというと、そうではありません。例えば、内宮の別宮である伊佐奈岐《いざなぎ》宮、その祭神は天照大神の父神とされる神ですが、伊佐奈岐宮が別宮になりますのは貞観九（八六七）年で、『延喜式』（巻第四）に明記されています。平安時代の中ごろです。もっと明確に申しますと、醍醐天皇の延喜五（九〇五）年から編纂が始まりまして、延長五（九二七）年に完成した五十巻の書物が、『延喜式』です。その『大神宮式』で、伊佐奈岐宮が別宮になっています。さらに、伊勢に天照大神を奉斎する発端になりました倭姫命《やまとひめのみこと》を祭神とする倭姫宮、これは『日本書紀』の垂仁天皇二十五年三月の条に、倭姫命が大和の笠縫の村から天照大神を奉じて近江、美濃を巡って伊勢へおもむき、天照大神の託宣があって――「神風の伊勢国は、常世《とこよ》之浪の重浪《しきなみ》帰するところ」との神託があって――五十鈴川の川上に伊勢の大神を鎮座されることが記載されていますが、その倭姫命を祀る、倭姫命の別宮ができたのは大正十年のことです。

ですから、百二十五社が古代からすべて存在したわけではありませんが、伊勢神宮の中心は、天照大神と豊受大神ですけれども、それ以外にも、天照大神の祖神、親族の神、そればかりではない。例えば、風の神、風日祈宮《かざひのみのみや》という別宮が内宮に鎮座します。外宮においでになりますと、風宮という風の神を祀っている別宮があります。これは級長津彦《しなつひこ》の神、級長戸辺《しなとべ》の神、つまり風の神を祀っている。あるいは、外宮の別宮に土宮《つちのみや》という別宮があります。これは大土《おおつち》乃《の》御《み》祖《おやの》命《みこと》という土の恵みの神を祀っている。日本の神々の中でも、とりわけ重要な神々が伊勢神宮に鎮座して祀られているということを知っておいていただきたいと思います。

江戸時代、寛政九（一七九七）年の『伊勢参宮名所図会』には伊勢の内宮、外宮にたくさんの人が参っているのが描かれていますが、攝社や末社のすべてを回ることができない。そこで、内宮にも外宮にも遥拝所ができるわけです。そこで御師《おんし》などがお札をお参りした人に配っている場面があります。そこには「末社順拝」と書いてあります。そこに小屋みたいな建物が描かれますが、これが遥拝所です。今はございませんけれども、後に申しますように江戸時代には、たくさんの人々が参詣しましたけれども、正宮だけではなしに別宮にもお参りし、攝社や末社にも遥拝所で遥拝していたことがおわかりになると思います。

## 「おかげ」の信仰

私は、外国の宗教についてもいろいろ研究しておりますけれども、日本の神々ほどおおらかで協調的な神はないと思います。日本神話をかえりみますと、民主的な側面もかなりあって、例えば、奈良時代最初の女帝、元明天皇の和銅五（七一二）年正月二十八日に、太安万侶《おおのやすまろ》が稗田阿礼《ひえだのあれ》の「誦むところ」を書き上げまして、天皇に献上した本が『ふることぶみ』、俗にいう『古事《こじ》記《き》』です。この『古事記』の中の天の石屋戸の段をお読みになりましたら、いかにも日本の神々は民主的やなとお思いになるにちがいない。素戔嗚尊《すさのおのみこと》（須佐之男命）が、いわゆる天つ罪、くさぐさの荒ぶる仕業をされて、天照大神は天の岩屋戸隠れされます。『古事記』は、「天の安の河原に八百万の神、神集いに集いて、思兼神に思わしめて」というふうに書いています。一神で決めるのではない。神々がお集まりになって相談して、まず思金神に天の石屋戸開きの知恵を申し出させる。このことは、養老四（七二〇）年、天皇は元正天皇ですけれども、五月二十一日に完成いたしました『日本紀』、俗に『日本書紀』と申しておりますが、『日本書紀』の中にもはっきり書いてあります。八百万《やおよろず》の神、ここでは八百万ではなくて八十万と書いておりますけれども、八十万の神、たくさんの神々が天の安の河原にお集まりになって、「神集いに集い給えて、神諮《はか》りに諮り給いて」と書いてあります。みんなで相談する。

『延喜式』の巻の八には、当時、宮廷で奏上されました祝詞が載っております。前にも述べましたように、私は、この『延喜式』の祝詞を読むたびに感動がこみ上げてくる。この『延喜式』の祝詞にも、古くからの祝詞と平安時代につくられた祝詞とが記載されていますが、古式の祝詞には、ひたすら神様への感謝だけですね。こういうお供えをいたしますから、こういうお恵みをくださいという神々への願いごとは全く書いてないのです。ただひたすら神に感謝する。伊勢参りは、江戸時代はおかげ参りと申しました。私は、このおかげ参りの「おかげ」という言葉も先に言及したとおり、大切な日本語だと思っています。日本人は、神のご恩を「おかげ」と称して感謝して祀ってきた。これは、『延喜式』の古式の祝詞をお読みになったらわかります。今は、こうこうしてくださいと、もう安産の祈願から、受験の合格から、交通の安全から、いろいろとお願いする。それはそれで結構ですけれども、その根本は神への「おかげ」です。

この「おかげ」という言葉がいったいいつごろから使われているのかなということを調べたことがあります。八世紀、奈良時代、もう既に「おかげ」という言葉が使われております。例えば「おかげの位」と、これを「蔭位」といいます。祖先に大変身分の高い、位の高い人がいたら、その子や孫は、そのおかげを受けての位が「蔭位」です。最初は無位、全然位がなくて、勤めてだんだん位が上がっていくんですが、スタートから先祖のおかげでの位を与えられる。これを「蔭位」と言うのです。そして平安時代には「おかげ」という日本語が使われております。

一九九七年の十二月、京都の国際会議場で地球温暖化に対する京都議定書というものが協議されて決定されました。しかし、これは各国が批准しなければ発効しないわけです。アメリカは脱退しておりますし、温室効果ガス（$CO_2$）の排出量が多い中国やインドは削減義務を負っておりません。二〇〇五年二月十六日に、ロシアが批准いたしまして京都議定書が発効しました。それを記念して、各国の地球温暖化対策に取り組んでいる代表的な皆さんが京都に集まって会議が開かれました。ケニアの、当時環境副大臣だったワンガリ・マータイさん、ノーベル平和賞をもらわれた方ですが、その方が、日本語の「もったいない」という言葉は何とすばらしい言葉かということを言われた。確かに物を粗末にしない、もったいないという言葉の意味は、今、改めて私どもはかみしめる必要がある。

この「もったいない」という日本語も、いつごろから使われているかということを調べたことがありますが、『太平記』を読んで、なるほどなと思いました。私どもが今もったいないというのは、物を粗末にすることをもったいないと言いますが、『太平記』には、大家が「断亡せん事勿体《もったい》なく」と記す。命をうけついでいくのが途絶えることを我々の祖先は「もったいない」と言っていることを『太平記』で知りまして、深い感銘を受けたことがあります。「もったいない」という言葉はもちろん大事な日本語ですが、私は、それと並んで、ヤマト言葉として誕生してきた「おかげさま」という言葉を、もう一度発見し直す必要があるのではないかと思っています。

むかしは、「おかげさま」という日本語は、日常会話の中で使われておりました。父母のおかげ、友人知人のおかげ、何よりも神様仏様のおかげをすっかりどこかへやってしまった。伊勢参りが、江戸時代におかげ参りと呼ばれたことの意味をもう一度考える必要があります。

『延喜式』の祝詞の巻、巻第八の中に、大祓の祝詞が載っています。大祓は、現在も全国の各神社が六月の晦日、十二月の晦日に執行し、この大祓の祝詞を奏上します。この大祓の祝詞については別に詳しく考証しましたように、前半は天武天皇の代、国家によって大祓が行われたおりの祝詞です。その後半は平安時代に新たにつけ加えられた部分です。この前半の部分に、「皇親神握岐《すめむつかむろぎ》・神渥美《かむろみ》の命もちて、八百万の神たち、神集ひに集ひ、神議りに議りて」という言葉があります。神話にも反映されているように、日本の神々は寄り合いをもって物事を決定されるという信仰のありようが浮かびあがってきます。伊勢神宮には神々が寄り合って祀られている。その中心の神様が天照大神であり、豊受大神であるということを改めて認識したいと思います。

## かしわ手の歴史

もう一つ、日本の宗教、あるいは日本の神道が独自の形式を今も守っているのは、神祀りに必ずかしわ手を打つということです。イスラム教でもユダヤ教でも仏教でも、神や仏の前でかしわ手を打つということは一切しません。明治政府の祭祀令によって、二礼二拍手一拝の形式に現在はなっておりますけれども、伊勢神宮へおいでになったら八つかしわ手、出雲大社では四つ、宇佐八幡でも四つというように、昔は必ずしも二拍手ではなかった。しかし、かしわ手はずっと続いています。

皆さんがよく知っておられる『魏志倭人伝』は、中国の三国、魏・呉・蜀の三国の歴史を西晋の陳寿が大康年間（二〇八―二八九）にまとめた書物です。魏志と言うけれども、正しくは『魏書』。『三国志』の魏の歴史を書いた部分は『魏書』です。ただし『魏書』という史書が中国では王沈の『魏書』、魏収の『魏書』などもありますので、区別するために『三国志』の『魏書』は、その志をとって『魏志』と言っているに過ぎない。『魏志倭人伝』という独立の本があるわけではありません。その『魏書』の中の東夷伝の倭人の条、およそ千百八十五字、二千字足らずが、皆さんが知っておられるいわゆる『魏志倭人伝』です。いつできたか、残念ながら太康という年号の時に書かれたことはわかっているのですが、その成立が太康の何年であったかはまだわかっておりません。しかし、太康元年は西暦二八〇年、太康という年号は二八〇年から二八九年まで続きますから、三世紀の後半に書かれた書物であることは間違いありません。その中に邪馬台国のことが書いてあるでしょう。そして「大人（身分の高い人）の敬する所を見れば、但々手を搏ち跪拝に当つ」と書いてあります。大人の敬礼としてかしわ手が行われていたことがわかります。

奈良時代、孝謙天皇がもう一度即位されて称徳天皇となります。称徳天皇は仏法を非常に崇拝され、ご承知の弓削の道鏡が学僧として称徳女帝の信任を得たことは皆さんもよくご存じです。大嘗祭《だいじょうさい》、これは後でも申しますが、日本の天皇は、持統天皇五年、六九一年以後は、即位式をやっただけでは天皇とは認められないんですね。即位の翌年、新嘗祭を拡充した大嘗祭がある。孝謙天皇は一度即位しておられる、大嘗祭もやっておられるんですが、淳仁天皇の後、重祚となり、大嘗祭をもう一度やっておられるわけです。そのときに僧侶の参加を認めました。僧侶がかしわ手を打ったことが書いてあります。恐らく珍しい状況であったので、『続日本紀』がそのように書きとどめているのでしょう。

ところが、東アジアでも神祀りに手を打つというようなことはもうしないようになっておりまして、中国でも古くはやっていたようです。唐の時代では「古の遺風なり」つまり古い昔のしきたりであると書いてあります。渤海という国があります。これは今で言えば中国東北地区の遼寧省、黒竜江省の地域からシベリアの沿海州の方にもかけて存在した国ですが、この渤海という国との交渉は遣唐使ほどには注目されておりませんが、私は非常に大事だと思っています。西暦七二七年から九一九年まで、三十四回にわたって約二百年の間に使節が来ているわけですね。『日本後紀』という書物をごらんになりますと、延暦十八（七九九）年の朝廷の正月の儀式に、渤海の使節も参加した。そこで桓武天皇の朝廷はかしわ手を打つことを禁止しています。これは渤海の使節に、中国などでは手を打ったりはしなくなっておりますから、蛮風と誤解されることを避けてかしわ手を打つことをやめています。しかし神様に感謝のこころとして手を合わせて打つという伝統は、現在もなお全国の神社で続いております。これ一つを見ても、いかに日本の神道が独自の要素を持っているかということを私どもは知っておく必要があります。

## 多神教ではなく汎神教

もっとも本居宣長が申しておりますように、日本人の信仰には山にも川にも、草にも木にも神が宿っているという信仰があった。それは仏教の中にも入っており、例えば伝教大師すなわち最澄は「山川草木悉有仏性」と説きました。山にも川にも、草にも木にも仏性が宿っていると申しました。私はこうした信仰を汎神教の信仰とよんでいます。万物に神を見出す信仰、これは二十一世紀の信仰として、私は自信を持って強調すべき信仰であろうと思っております。そして、その信仰には普遍性があります。神道にはもちろんインターナショナルな要素もある。そして同時に極めてナショナルである。普遍性ばかりを追求したのでは、大和ごころがどこかへ行ってしまう。

二〇〇八年は紫式部の『源氏物語』からの千年と言われていますが、実際は『源氏物語』が何年に完成したかはわかっておりません。それなのになぜ千年紀と言っているかというと、『紫式部日記』の寛弘五（一〇〇八）年の十一月一日の条で、自分の書いた『源氏物語』に言及しているわけです。ですから、寛弘五年に『源氏物語』ができ上がっていたということは間違いない。そこで、それから数えて千年と申しているわけです。その『源氏物語』の『乙女』の巻に、紫が「才を本《もと》としてこそ大和魂の」、はっきりと大和魂と書いています。これは戦争中の軍国主義的日本精神などの代名詞の大和魂ではありません。日本人としての教養や判断力、「才を本としてこそ大和魂の世に用ゐらるる方も強ふ侍《はべ》らめ」と書いているんですね。私は『乙女』の巻を読んだおりに、さすがだなと思いました。今は、和魂がどこかへ行ってしまって、洋魂洋才になってしまっている。これでは具合が悪い。洋才も大事ですが、あわせて本来の大和魂を再発見する必要があると考えています。

八世紀から九世紀の段階には、私幣禁断と申しまして、民間の人間が勝手に伊勢神宮に参ることはできなかった。官僚貴族でも、私に幣帛を献上することはできなかった。これは、先ほど申し上げました『延喜式』にもはっきり書いてあります。三后——三后というのは皇后、皇太后、太皇太后ですが——「三后、皇太子もまた奏聞すべし」とある。皇后でも皇太子でも、伊勢神宮に参るときは許可が要ったと書いてあります。それは日本の皇室の祖先神としてあがめられていたからです。伊勢の神が国家の神になっていくプロセスには、最も注目すべき時期が二つございます。一つは、五世紀後半の雄略天皇の時代、もう一つは天武天皇の時代です。私は、天武天皇の時代を、日本の多くの皆さんにしっかり考えていただきたいと思っております。

六六三年、唐・新羅の連合軍によって倭国の軍隊は大敗北をいたしました。これが白村江の戦いです。私が中学生のころ、日本は外国に敗れたことがないということを一生懸命教わりました。私が中学に入学したさいの試験には、ペーパーテストだけではなくて口頭試問もありました。配属将校が公立の中学校におりまして、日本国体の精華を述べよとの問いに、第一に万世一系の天皇、第二に外国に敗れたことはありませんと答えることになっていました。調べてみたら、何度も負けているんですね。六六三年の白村江の戦いにおける大敗北は、当時の国家存亡の危機です。天智称制二年の時です。その天智天皇の代に国家意識が高まり、わが国の戸籍の最初ともいうべき庚午年籍《こうごねんじゃく》や近江令ができる。そしてその後に皇位継承をめぐる争いが起こって、大海人皇子が、みずから実力で近江朝廷を倒して即位する。これが六七二年の壬申の乱です。したがって、天武・持統朝というのは、非常に日本の歴史や文化の上で重要な意味を持っています。美術史の先生方は、天武・持統朝、壬申の乱から平城遷都、和銅三（八一〇）年までの間を白鳳文化と呼んでおられます。我々の学界では、飛鳥時代を前期と後期に分けて、天武天皇や持統天皇の時代は飛鳥時代の後期と言う研究者もいますが、私はこういう考え方には反対です。推古朝を中心とする飛鳥時代の仏教中心の文化がそのまま天武・持統朝に受けつがれたのではない。天武・持統朝を中心とするいわゆる白鳳文化の時代というのは、日本の歴史を考える上で画期的な時代であると考えています（ただし「白鳳」は孝徳朝の「白雉」を指し、「白鳳時代」という時代名については再検討が必要です。『倭国から日本国へ』、文英堂参照）。

## 遷宮の起源

例えば、伊勢の遷宮は一体いつ始まったか。持統天皇の四年、六九〇年です。日本の皇位継承の祭儀で一番大事な大嘗祭は一体いつ始まったか、持統天皇五年、六九一年です。式年遷宮と大嘗祭はペアで考えるべきだというのが私の考えです。伊勢の式年遷宮だけを取り上げて論じるのでは視野は狭い。天つ社、国つ社という社格が設けられたのは天武朝、そして各国々で大祓が行われておりました。大和の国は大和の国、出雲の国は出雲の国というように、それぞれの国々の大祓を国家の行事として、国家の大祓に編成したのは天武朝です。天武朝の宮だけが飛鳥浄御原宮と命名されています。この「浄」の美意識というのは、日本人の重要な美意識です。天武天皇十四年、それまでの中国風の階位を明位、浄位、正位、直位——明るく、清く、正しく、直ぐと、これは日本の美意識やモラルのシンボルともなる。

東京の国立博物館で開かれた薬師寺展に、私もオープンのときに参りまして改めて感動しました。薬師寺にはたびたびおもむいておりますが、薬師如来は、大きすぎて、東博の展覧会では遷座されてはおりませんけれども、日光・月光菩薩像、あるいは聖観音像の光背を取っての展観ですから、背中が見えるというので期待してまいりました。あの薬師如来、あるいは、日光・月光、聖観音像、あの見事さは、飛鳥時代の仏とは明らかに違う。日本の美を仏像に体現したのは天武・持統朝ではないか。山田寺の仏頭にしてもこの時代です。

キトラ古墳の壁画や高松塚壁画が話題を呼びましたが、キトラ古墳ができたのは七世紀の末で、高松塚は少しおくれます。そして、まず第一に、外国に対して日本国を正式に名乗ったのはこの時代です。日本の君子が天皇を称号としたことを示す木簡もこの時代です。日本の歴史や文化を考える上に画期的な時代が白鳳文化の時代であると思っております。『万葉集』で言えば有名な柿本人麻呂などの活躍する時代が白鳳文化の時代です。この時代に伊勢の式年遷宮が始まる。その準備は天武朝に用意されているわけです。持統天皇が即位されたのは持統天皇四年です。そして式年遷宮が実施される。その前提は天武朝で、持統朝に実施される。大嘗祭もそうです。このように考えてまいりますと、伊勢式年遷宮の持っている意味はますます大きくなります。

そうした国家の神が、十一世紀の末のころから民衆が参拝する神へと推移してゆきます。これが、また日本の神々のおおらかさ、日本の神々の許容性で、国家の神が民衆の神へ発展していくわけですね。そこには、御師《おんし》の活躍があります。そして、江戸時代には「おかげ参り」が頻繁に行われることになるわけです。特に「おかげ参り」の多かったのは江戸時代ですが、宝永二（一七〇五）年には二カ月弱で約二百七十万人、明和八（一七七一）年は四カ月で約二百七万人、文政十三（一八三〇）年が半年強で約五百万人と時期的に集中して参拝したといわれています。したがって、天正十三（一五八六）年、イエズス会の宣教師のルイス・フロイスの日記をみますと、まだ江戸幕府が開かれていない時代です。天正十三年と言いますと、天正十年の六月二日に織田信長が本能寺で倒れますから、その三年後のことですが、伊勢に参らぬ者は人間ではないと書きとどめています。天正のころ、すでに伊勢参りが盛んになっていることがわかります。

そして、慶応四年――一八六八年九月八日に慶応四年は明治元年になりますから、三月の段階は慶応四年ですが――神仏分離令が出ます。そして、伊勢神宮の式年遷宮は国営になる、国費で行われることになる。しかし、例えば明治四年の十二月十二日に、当時の太政官の構成機関である左院が建議しておりまして、宮中に天照大神を祀る神宮をつくれという意見書を出している。また福島事件、あるいは加波山事件で有名な、後の警視総監になった三島通庸が、宮城の横に黄金の神殿をつくって伊勢のご神体を遷せと主張している。特に驚くのは、明治三十七年七月二十一日です。明治四十二年の式年遷宮があります五年前、時の明治政府の内務大臣芳川顕正と宮内大臣田中光顕が明治天皇に意見具申をしている。これは『明治天皇紀』に書いてありますから、機会があればお読みください。二十年ごとに建てかえるのでは「用材成育せず」と述べて、柱の下に礎石を置いてコンクリートで固めよと、むちゃくちゃなことを具申しています。明治陛下は直ちに却下されました。そういう時代もあったということを、ぜひ知っていただきたい。

戦後、伊勢神宮も宗教法人になりまして、明治以前の姿に返っていますが、日本の神々の中心であり、日本の伝統文化の象徴と言ってよい伊勢の式年遷宮が盛大、かつ有意義に斎行されますよう祈念します。

# 伊勢大神の原像

## 神宮の構成

伊勢神宮は平成二十五（二〇一三）年に第六十二回の遷宮を迎えることになりました。きょうは、「伊勢とその自然――山・川・海から神宮をみる」というテーマで基調講演を依頼されました。

天照大神をお祀りしている内宮の正宮、豊受大神をお祀りしている外宮の正宮だけが伊勢神宮ではなく、前にも申しましたように伊勢神宮は内宮の正宮、外宮の正宮を中心に、百二十五のお社で成り立っています。内宮には、正宮に準ずるかなり大きな社殿が存在しまして、別宮とよばれるお宮が十社、天照大神の荒魂《あらみたま》をお祀りしている荒祭宮《あらまつりのみや》、天照大神の兄弟の神様ですが、月読命《つきよみのみこと》をお祀りしている月読宮《つきよみのみや》、そしてその荒御魂宮《あらみたまのみや》、天照大神、月読神の親神であられる伊《い》佐奈岐宮《ざなぎのみや》、伊佐奈弥宮《いざなみのみや》、さらに滝原宮、滝原並宮《たきはらならびのみや》、伊雑宮《いぞうのみや》、風日祈宮《かざひのみのみや》。この風日祈宮の祭神は、級長津彦命《しなつひこのみこと》並びに級長戸辺命《しなとべのみこと》で、風の神です。そして、内宮、別宮十社の最後は、天照大神を最初に祀られた倭姫命《やまとひめのみこと》をお祀りしている倭姫宮《やまとひめのみや》です。

さらに内宮の攝社は二十七社。末社が十六社。内宮が管理しております社、所管社が三十社。内宮の別宮が管理しております所管社が八社鎮座します。併せてお社は九十二社で内宮は構成されているのです。

外宮はもちろん正宮である豊受大神を祀っておりますが、別宮が四社あります。多賀宮《たがのみや》、これは豊受大神の荒魂神をお祀りしている社です。大土御祖神《おおつちみおやのかみ》を祀る土宮《つちのみや》。月夜見神を祀っている月夜見宮《つきよみのみや》。そして、風の神を祀っている風宮《かぜのみや》の四社が外宮の別宮です。内宮でも月夜見神をお祀りし、外宮でも風の神をお祀りしていることに、特に注意をしていただきたいと思います。

外宮の攝社は、十六社存在します。末社が八社、外宮が所管している社が四社、併せて外宮は三十三の社で成り立っています。

内宮、外宮を併せますと、何とお社の数は百二十五社になる。伊勢へお参りするとき、私の話を聞かれたからには、せめて内宮の別宮十社、外宮の別宮四社へもお参りいただきたいと思います。

## 日本の神道は万有生命信仰

伊勢神宮には天照大神の親神である伊佐奈岐、伊佐奈弥の神、それから天照大神、月読尊という兄弟の神様をはじめ、さまざまな神々が祭祀されておりますが、日本の神道は多くの人が多神教であると申します。私は、そういう言い方には必ずしも賛成ではありません。あらゆるすぐれたものに神を仰ぎ見出す汎神教《はんしんきょう》と呼ぶべきではないか。「汎」というのは「非常に広い」という意味で、万有生命信仰です。

日本の神を定義した先生方はたくさんおいでになりますが、私が最もすぐれた解釈をした人物は誰かと問われたならば、直ちに本居宣長先生を挙げることにしております。本居宣長先生は生涯をかけて『古事記』の研究をされましたが、『古事記伝』三之巻の中で日本の神について見事な定義をしておられます。

**「凡《すべ》て迦微《かみ》とは、古《いにしへの》 御典等《みふみども》」**

『古事記』や『日本書紀』を初めとする古典ですね。

**「古御典等に見えたる天地の諸《もろもろ》の神たちを始めて」**

日本の古典に見えるさまざまな神様をはじめとして。

**「其《そ》を祀《まつ》れる社に坐《ま》す御霊《みたま》をも申し」**

全国各地に神々をお祀りしている神様を申し。

「**又人はさらに云《いわ》ず**」

例えば天神様は、菅原道真公ですね。すぐれた人間を神様としてお祀りする。

「**又人はさらに云ず、鳥獣《とりけもの》木草のたぐい海山など、其余《そのよ》何にまれ、尋常《よのつね》ならずすぐれたる徳《とく》のありて、可畏《かしこ》き物を迦微《かみ》とは云なり**」

鳥であっても、獣であっても、草木の類であっても、世の常ならずすぐれて徳があってかしこきものは、すべて神様であると記されています。

私がさらに注目しておりますのは、

「**すぐれたるとは尊きこと、善きこと、功《いさお》しきことなどのすぐれたるのみを云に非ず**」。

尊いこと、善いこと、手柄を立てたこと、あるいは優秀であるということ、そういうことだけを言うのではない。

「**悪しきもの、奇《あや》しきものなどもよにすぐれて可畏きをば、神とは云なり**」

日本の神々の中には、禍津日《まがつひ》神という災いを導き出す神様も祀られています。またそれを問いただす直毘《なほひ》（日）神という神様も祀られています。

欧米の宗教学の方々は、このような信仰を精霊崇拝《アニミズム》と称しまして、プリミティブな、レベルの低い信仰であるかのように説く方があります。果たしてそのような理解でいいのでしょうか。神の観念としては、一神教が最もすぐれていると言う方もあります。

「新世紀の課題」という視点から『文藝春秋』に書いたことがございますが、二十世紀を振り返ってみますと、二十世紀にはいろいろな特色がございますが、戦争が次から次に起こった戦争の世紀でもありました。二十世紀の前半、第一次世界大戦、第二次世界大戦が勃発しました。十八世紀にも、十九世紀にも戦争はありましたけれども、地球全体が戦争の渦に巻き込まれたのは、二十世紀の前半です。二十世紀の後半、やっと平和が戻ったと思いましたけれども、残念ながら民族をめぐる対立が各地で起こっている。宗教、とりわけ一神教をめぐる争いも起こっています。

日本では、権力者による宗教弾圧はありました。例えば織田信長が一向宗を弾圧する。比叡山延暦寺を焼き討ちする。徳川幕府がキリシタンを弾圧する。もちろん宗教と宗教の教えをめぐる論争、宗論はございましたけれども、また例えば天台宗の中では延暦寺と山麓の三井寺（園城寺）、山門派と寺門派の争いなどはありましたが、宗教と宗教が争った歴史はほとんどありません。

日本は、「神か仏か」ではない。「神も仏も」であります。本居宣長先生の日本の神に関する定義は、正当であると思っております。

## 伊勢神宮の神宮林

それらの神様を祀っている神社の最も代表的な存在が、伊勢神宮です。神宮のたたずまいに、ブルーノ・タウトが日本人の美意識を実感して感動しましたように、厳かな森がある。そしてすがすがしい社がある。『万葉集』をお読みになりますと、例えば、

「**山科の石田の社に幣《ぬさ》置かば　けだし我妹に直《ただ》に逢はむかも**」

山科というのは、京都の山科、石田という場所が今もありますが、「石田の社に幣置かば」、その社という字は神社の社《やしろ》という字がヤマト言葉の「モリ」に当ててあります。自分の恋しい恋人に、石田の社にお供えをすれば、直ちに会うことができるであろうという恋の歌です。

漢字の社《やしろ》を『万葉集』では「もり」と呼んだ例が十一例あります。「モリ」というヤマト言葉に漢字の「神社」を当てている例が三例あります。

天平五（七七三）年の二月に完成いたしました『出雲国風土記』の「秋鹿郡女心高野の条」をお読みになりますと、先にも言及しましたように、

「**上《きた》の頭《ほとり》に樹林あり、是則ち神の社なり**」

と書いてあります。

女心高野というところの場所の北のあたりに、森がある、樹林がある。そのものが神の社なのだ。聖なる森がすなわち神の社である。この信仰は全国各地の鎮守の森の信仰に受けつがれていますが、その象徴的な存在が内宮、外宮の神宮林です。

## 伊勢神路山

そして、ヤマト言葉では、神の鎮まる山を神奈備《かんなび》、あるいは三諸山《みもろやま》と申します。『万葉集』の巻第十三の中に、

**「三諸（神奈備）は人の守る山」**

という歌が収められています。神様のお宿りになる山は、信仰する人々が守り育てなければならないというありようの反映です。

『万葉集』の巻第一の中には、持統天皇が吉野へ行幸されたときに、随行した柿本人麻呂が詠んだ歌、

**「山川も依りて仕ふる神の御代かも」**

という名歌があります。神と自然が一体なのですね。日本人は自然の中に神を見出し、自然と調和し、自然とともに生き、自然とともに生み出す信仰を古くから抱いていたことは、『万葉集』を読んでもよくわかります。

伊勢神宮の内宮には、神路山《かみじやま》という山が存在します。今は道路の「路」を神路山の「じ」の字に当てておりますが、古くは神の「道」の山、神道山と書いておりました。文献に最も早く出てくるのは、寛仁二（一〇一九）年です。平安時代の後期、十一世紀の初めに、神道山が史料に出

てまいりますが、それは神道の山、神の道の山と書いてある。鎌倉幕府が編纂いたしました『吾《あ》妻鏡《づまかがみ》』、鎌倉時代の研究をしようと思えば誰もが読まなければならない歴史書ですが、その治承五（一一八一）年のところにも、神道山と書いてあります。沖縄宮古島の祖神祭《うやがん》の神道《かみみち》のように、神様がお通りになる道の山である、あるいは神様にお参りする、神に通ずる山が神道山であったことが、うかがわれます。

西行法師が神道山を通って内宮へお参りしたときに詠った歌が残されています。

**「深く入りて　神路の奥をたづぬれば　また上もなき峯の松風」**

それは参詣の無上の感動を「上もなき」というように詠っているわけです。

## 伊勢の五十鈴川

伊勢へお参りになった方は、五十鈴川《いすずがわ》をまず一の鳥居から渡って、内宮へお参りになります。五十鈴川は御裳濯川《みもすそかわ》とも申します。「五十鈴」というヤマト言葉の語源については、いろいろな説がございますが、私は「い」は接頭語で、「鈴」というのはそそぐ、身を清める川、みそぎの川という意味が五十鈴という川の名前のもとではないかと考えています。伊勢神宮は、古来の文献では五十鈴宮《いすずのみや》とも書かれております。伝承では、天皇の皇女（斎宮）が五十鈴川の滝の水で身を清められたという。今もございますが滝祭宮、一の鳥居を通ってまっすぐ行かれると最初にお参りする小さい社ですけれども、重要な「滝祭宮」が祀られています。

伊勢神宮のことを調べようと思えばだれもが読まなければならない延暦二十三（八〇四）年の『皇太神宮儀式帳』があります。その中に滝祭宮のことが書いてあって、「御殿なし」とあります。建物はない。今も御殿はありません。一の鳥居から滝祭宮の間に流れている五十鈴川の場所に、昔は滝があった。そしてその滝の水を召し上がって、身を清められて、斎宮は天照大神の正宮にお参りになったという伝えも残っています。そして外宮では高倉山、伊勢神宮は森と山と川によってその自然が成り立っているのです。

そしてもう一つ忘れてはならないのは、海とのつながりです。養老四（七二〇）年の五月二十一日に、舎人親王を中心に書き上げて奏上した書物が『日本紀』すなわち『日本書紀』です。その『日本書紀』の垂仁天皇二十五年三月の条を読まれますと、伊勢に天降ってこられた天照大神が伊勢に鎮座されるいわれが、はっきり書いてあります。

**「時に天照大神、倭姫命《やまとひめのみこと》に誨《おし》へて曰はく」**

宣託を下されるわけですね。

**「是の神風の伊勢國は」**

この託宣でも神風が伊勢の枕詞になっていることにご注意いただきたいと思います。

**「是の神風の伊勢國は、常世《とこよ》の浪の重浪《しきなみ》歸する國なり」**

常世の国というのは、海のかなたにある海上の他界です。その常世の国から繰り返し波が寄せる場所である。

「**傍國《かたくに》の可怜《うま》し國なり。是の國に居らむと欲ふ**」

大和からみればわきの国だが、美しいこの伊勢の常世の波の寄せる場所に鎮まろうと思うと託宣をされた。

「**故、大神の教の随《まにま》に、其の祠を伊勢國に立てたまふ。因りて斎宮《いわいのみや》を**」

斎宮ですが、『日本書紀』の古訓はこの字を「いわいのみや」と訓《よ》んでおります。

「**斎宮を五十鈴川の川上に興《た》つ**」

五十鈴川は、現在水源から二十キロにわたって流れておりますが、その上流にお宮を建てた。

「**是を磯宮《いそのみや》と謂ふ**」

と『日本書紀』は書いています。最初の伊勢神宮ゆかりの宮の名前が、「磯宮」であったということ。そして磯宮に奉仕する従属の民を磯部と言うようになります。

天照大神の「天《あま》」は天という字を書きますけれども、海も「あま」と訓《よ》みます。海に出て貝などを拾う女性の方などを「海人（女）」と申しますが、海という字そのものを「あま」ともよむ。天照大神の「あま」と海の「あま」とはかかわりがあるということを、この伝承は伝えています。「山・川・海から神宮をみる」というテーマは、これらの伝承にまことにふさわしいと思います。

海とのつながりは、これは私の考えですけれども、和銅五（七一二）年の正月二十八日に、天武天皇の命令を受けて稗田阿礼が読みならい、それを太安万侶が記録いたしまして献上した書物が『古事記』です。この和銅五年の『古事記』は三巻から成り立っています。上巻が「神代の巻」、中巻が「神武天皇から応神天皇」まで、下巻が「仁徳天皇から推古天皇」までです。

その上巻に「天語歌《あまがたりうた》」が載っています。天の語りの歌と書いてあります。その歌の中に、

**「いしたふや海人《あま》駈使《はせづかい》事の語り言もこをば」**

という歌の文句が出てくる。

この海人駈使は、伊勢の漁民です。伊勢の漁民が朝廷に奉仕いたしまして、そして天語歌の事のありさまを申し上げるという歌の文句になっております。

## 伊勢と御柱

さらに、『日本書紀』の「神功皇后攝政前紀」をお読みになりますと、大変重要な記事が出てまいります。中臣烏賊津使主《なかとみのいかつおみ》という、今で言えば神職ですね。神祭りを行う中臣烏賊津使主という人物が、神様が登場してきたので、一体どういう神様かということを――これを審神者《さにわ》と申しますが――問いただすのですね。あなたは一体どういう神様かと烏賊津使主が申しますと、

**「答へて曰はく、『神風の伊勢國の百《もも》傳ふ度逢縣《わたらいのあがた》の拆鈴《さくすず》五十鈴宮に所居す神』」**

これは天照大神です。

「**名は撞賢木《つきさかき》厳之《いつの》御魂《みたま》天《あま》疎《さかる》向津《むかつ》媛命《ひめのみこと》**」

こう答えたと明記されているのですね。この伝えは非常に重要です。賢木というのは神聖な常緑樹です。皆様が神様に玉串を奉奠されるのはみな榊を使いますね。神聖なる樹木に宿る御霊が、天照大神の神名になっているのです。私はこの伝承を読みましたときにすぐ思い出したのは、伊勢神宮の神明造の正宮の一番中心の床の下にある心御柱《しんのみはしら》の信仰です。神様が、聖なる栄木《さかえぎ》に宿られる、そういう信仰がこの神名にもはっきり出てくるわけです。

## 伊勢の御神饌

「**亦問ひまうさく**」

中臣烏賊津使主がさらに神様にお尋ねするのですね。

「**是の神を除《お》きて復《また》神有《ま》すや**」

天照大神以外に重要な神様がありますか。

「**答へて曰く、『幡萩《はたすすき》穂に出し吾や、尾田の吾田節の淡郡《あわのこうり》に所居《お》る神有り』**」

大変難しい地名ですが、これは『皇大神宮儀式帳』によって調べますと、志摩国の答志郡の粟島の神です。海の神様です。伊勢神宮の天照大神は、後でも申しますように、日の神、太陽の神ですが、海とのつながりが深い。太陽の神様ですから、穀物をつくる農業の神様、農耕の神として古くから豊受大神とともに信仰されてまいりましたけれども、海とのつながりもある。そのありようは伊勢神宮の神饌《しんせん》にも反映されている。伊勢・志摩の海産物が非常に多いです。伊勢神宮の神饌は、どこの神社の御神饌よりも海産物がより多くお供えされております。

## 常世の波寄する国

そして、今まで読んでまいりました文章の中では、たんに伊勢国とは言わないで、必ず「神風の伊勢國」と書かれています。そして内宮でも外宮でも、風の神様が祀られています。伊勢の神風というのは、古くから伝えられておりました。『伊勢国風土記』逸文がございますが、その文章には、もともと伊勢国には伊勢津彦という風の神がおられた。その神に天日別命《あまのひわけのみこと》という神が、国譲りを迫るのですね。そこでやむなく、伊勢津彦の神は信濃、長野県の信州へ遷っていくという伝承です。

その『伊勢国風土記』逸文の中に、伊勢津彦尊が、

「**吾は今夜を以ちて、八風を起して海水を吹き、波浪に乗りて東に入らむ**」

東の信州に波に乗って入ろうということを伝えています。そして、『伊勢国風土記』逸文は、古語に、「神風の伊勢の國、常世の浪寄する國と云へるは、蓋《けだ》しくは此、これを謂《い》ふなり」という

解釈を『伊勢国風土記』に書き加えていることがわかります。

『万葉集』を読みますと、六七二年の壬申《みずのえさる》の年に起こった壬申の乱、大海人皇子《おおあまのみこ》が天智天皇が築かれた大津宮を攻撃して陥落させる、そして実力で皇位につかれる争乱です。その大海人皇子の軍隊の総司令官を務めたのは、天武天皇の皇子の高市皇子《たけちのみこ》。その高市皇子が亡くなったときに、柿本人麻呂が詠んだ挽歌を『万葉集』の巻第二に載せています。

題詩がありまして、「高市皇子尊の城上の殯宮《もがりのみや》の時に、柿本朝臣人麻呂の作る歌一首」。その中に、

**「渡会の　斎宮ゆ　神風に　い吹き惑はし　天雲を　日の目も見せず　常闇に　覆ひたまひて　定めてし　瑞穂の国を」**

神風の伊勢という言葉は『日本書紀』にもいろいろと出てきます。決して文永、弘安の役以後に伊勢の神風が言われたわけではありません。『日本書紀』の雄略天皇十二年十月の条に、

**「神風の伊勢の」**

さらに重ねて、

**「伊勢の野に栄え」**

あるいは、神武天皇の「即位前紀」に、

**「神風の伊勢の海の大石にや」**

という歌の文言がある記載を見てもおわかりになると思います。
伊勢湾台風を思い起こしてください。台風の通路でもあったのです。古代の人たちは、神様が起こされる神風であると。したがって、伊勢の内宮でも外宮でも風の神を別宮としてお祀りすることになるわけです。

## 大日孁貴と天照大神

『日本書紀』の巻第一、「神代の巻」の本文に、

**「日神を生む」**

太陽の神を生む。

**「大日孁貴《おおひるめのむち》と号す」**

と書いてあります。これは天照大神の神名が最初に出てくるところです。大日孁貴というのが最初に出てくるのです。その次の「一書」から、天照大神という神名になるのです。これは非常に重要です。大日孁貴というのは、日の神をお祀りになる最高の女性という意味です。したがって、太陽神であるということは紛れもない事実ですが、山とも川とも森とも海ともつながりを持つ。
それればかりではありません。これは私の前々から注意している考えなのですけれども、『日本書紀』の第十一の「一書」、保食神《うけもちのかみ》の神話が記載されています。天照大神が登場し、月夜見尊《つきよみのみこと》が

保食神のもとへ派遣されます。保食神の無礼をとがめて、保食神が殺される神話です。その神話の中に、

**「即ちその稲種を以て、始めて天狭田《あまのさなだ》及び長田《ながた》に殖う」**

稲を植えられた、まさに農耕の神です。

**「其の秋の垂頴《たりほ》八握に莫莫然《しな》ひて、甚だ快し」**

これも当然のことなのですが、つぎに

**「又口の裏に蠶《かいこ》を含みて、便《すなわ》ち絲《いと》抽《ひ》くことを得たり」**

口の中に蚕を入れて糸を引かれる。

**「此より始めて養蠶の道有り」**

と書いています。

## 天の石屋戸

ここで私どもが思い起こしますのは、『古事記』『日本書紀』が書いている天の石屋戸（『紀』では天の石窟）の神話です。ご承知のように天照大神が「忌服屋《いみはたや》」で神様に捧げる着物を織っておられる。はたを織る女神。そこへ須佐之男命《すさのおのみこと》が天斑馬《あめのふちこま》を逆はぎにはいで投げ込む。天照大神はお怒りになって、天の石屋戸にこもられるという神話です。

服屋《はたや》ではたを織っておられる神様。そして口の中から蚕の糸を引き出される神様。明らかに、天照大神の神格には織女神の信仰が重なっていたことを想起します。

## 天照大神の信仰と道教の西王母信仰

ここで思い出すのは、中国の「道教」の信仰です。紀元前三世紀の後半から中国で始まりました不老長生、年をとらず長生きをする、現世利益の宗教が道教です。後に教団道教ができるようになるわけですが、その道教の最高の女性の神仙は「西王母」です。謡曲にご興味のある方は、おめでたいときに西王母の曲を謡い、能を舞われることが多いですね。西王母の信仰は、古く中国の古典に出てまいります。

例えば「山海経《せんがいきょう》」にも出てきます。そして、古墳の壁画も実際にあります。私がみたのは、後漢の時代の山東省沂南画像石に西王母がはっきり登場します。中国内モンゴル自治区、やはり後漢の時代ですが、ホリンゴールというところにある壁画にも、明確に西王母が描いてあります。朝鮮半島では、高句麗の、南浦市徳興里というところにある壁画古墳、この古墳は五世紀の初めですが、西王母が描いてあります。

日本では、大阪府茨木市の紫金山古墳、勾玉文鏡《まがたまもんきょう》に西王母の姿が鋳造されておりまして、古くから日本にも織女神の西王母の信仰が入っていたことがわかります。この信仰が天照大神の信仰ともオーバーラップしていることを、軽視するわけにはいきません。

## 伊勢の神とたたり

伊勢神宮は、私どもにとってまさに日本の神々を代表する、特に「天津神《あまつかみ》」の世界を代表する大変大切な社ですが、これも余り知られないと思うので申し上げます。伊勢の神は、たたりもされるのです。これは、『日本書紀』の次に書かれた勅撰の歴史書、『続日本紀』の宝亀三（七七二）年の八月六日の条に明らかです。

「**八月甲寅**」
六日です。

「**幸難波内親王第**」
難波内親王というのは、桓武天皇の父である光仁天皇の姉であって、難波内親王の屋敷に光仁天皇が行幸された。この日、すなわち宝亀三年の八月六日。

「**是日異常風雨**」
雨や風が降って、つまり暴風雨。常に異なる風雨ありて。

「**抜樹發屋**」
大きな大木をなぎ倒し、屋を暴く、建物を壊していった。

「卜之伊勢月読神為祟」

占ったところこの暴風雨は、伊勢の月読神のたたりである。

伊勢神宮には、さまざまな神様が祀られているというお話をいたしました。そして、風の神が祀られている。月読神が祀られている。実は、『太神宮諸雑事記』という書物を読みますと、天平十四（七四二）年のころに、度会郡に伊勢の神宮寺があったのですね。伊勢神宮もかつては神仏習合でした。それがこのたたりを契機に、度会郡から飯高郡へ遷すという話になるわけです。伊勢の神はまがことを問いただすたたりの神の神格を保有されていたということも知っておいていただきたいのです。

## 海と月読神

そして、月読の神様は海とのつながりが非常に深い。漁民は古くから、航海するとき月齢を数えるのですね。十三夜とか十五夜とか、月を見て航海する。月読神が漁民からも信仰を受けます。伊佐奈岐、伊佐奈弥両神から三貴子《みはしらのうずのみこ》が生まれます。天照大神、月読神、須佐之男命、それぞれ治める場所を命令される。『日本書紀』第六の「一書」を見ますと、月読神に青海原の潮の八百重をしらすべし——海を支配せよと、月読神に命ぜられたという神話も収められています。

このように、伊勢と自然とのかかわりを顧みますと、伊勢神宮とその自然には、日本人の自然に対する考え方が見事に投影されていることがわかります。

## 日本人の自然観――『古事記』の共生《ともうみ》の精神

平成二十三（二〇一一）年の三月十一日、東日本大震災が起こりました。そのときに、前にも若干言及しましたが、私はすぐ思い出した論文があります。それは、昭和十（一九三五）年十二月、わずか五十七歳でお亡くなりになった東京大学の宇宙物理学の先生であった寺田寅彦教授の書かれた論文です。寺田先生は文人でもあって、夏目漱石とも交流がありました。湯川秀樹先生も大変尊敬しておられた物理学者です。その先生が最晩年にお書きになった論文が、「日本人の自然観」という論文であります。その論文の文章の一節を、三月十一日、大津波のテレビを見ながら、私はすぐ思い出しました。

先生は、「日本人の自然観」の中で、ヨーロッパの学問は自然と対決して発展してきた。日本の学問は、自然と調和する智恵とその体験を蓄積して発展してきた、と。私は学生時代にこの論文を読んで、大変感動をいたしました。このたびの福島第一原発の大事故、大地震と大津波。ある有名な地震学の先生が、この大津波は想定外であったとおっしゃっていましたが、もう少し歴史を勉強してほしい。

例えば貞観十一年、清和天皇のときです。西暦八六九年五月二十六日、三陸沖で今回と同じような大津波が起こったことを、『日本三代実録』ははっきり書いておりますし、菅原道真公が編纂された『類聚国史』にも詳しく書かれております。

私どもは、伊勢とその自然の中に日本人の自然観を改めて想い起こすべきです。自然と共生することがいかに大事か。「共生」ということを「共に生きる」、「ともいき」と言う人がほとんどですが、共生「ともいき」というのは、現状維持になりがちです。人間同士が仲よくともに生きる、自然とともに生きる。『古事記』を読みますと、「共生」という字を「ともうみ」と読んでいます。共生「ともいき」も大事ですが、自然と調和し、自然とともに新しい文化、そして歴史を生み出していくことを、伊勢とその自然の中に痛感します。

# 京の社——日本文化の象徴

## 平安遷都の詔

平成十六（二〇〇四）年の秋に京都府域の神社の宝物、社宝を京都の国立博物館で展覧したい、ついてはそのプレイベントとして講演会をやりたいというご相談がありました。京都府神道青年会は昭和二十六（一九五一）年六月に結成されたそうですが、現在京都府内の各神社に奉仕されている青年神職の方、百七十名ばかりの皆さんがこの会のメンバーになっておられます。先輩の皆さんの後を受けて、ひとくちに五十年とは申しますが、この五十年の間には山もあれば谷もあって、必ずしも神道が多くの府民・市民の皆さんに正しく理解されて、順調に歩んで来たとは考えられませんが、そういう困難にもめげず、五十年の永きにわたって着実に、そして地道に活動して来られたことに敬意を表します。

今日は、日頃私が考えている京都の文化と京都の神々をめぐって、話します。

延暦十三（七九四）年の十月二十二日に、桓武天皇が長岡から京都に遷幸され、同月の二十八日に遷都の詔がだされていますが、その「詔」は一部しか残っていません。そして同年、十一月八日の遷都の「詔」は、かなり具体的に『日本紀略』に記載されています。そのなかで「此の国、山河襟帯、自然に城を作す。この形勝によりて新号を制すべし、よろしく山背国を改めて山城国となすべし」とあります。まず最初に、京都府南部の「山背国」という国の表記、国名の書き方は、これまでは背中の背という字を書いておりました。これは都が奈良にあって、奈良から見れば、背後部分になる地域が京都府南部に相当するから、「背」という字を充てておりましたが、これを「お城の城」に直した、これがまず第一。それまで都は、藤原京に遷され、平城京に遷され、そして長岡京に遷されてきましたが、都の所在する国の名前を改めた「詔」の例は、これが初めてです。

そして第二番目に「子来の民謳歌の輩、異口同辞し、号して平安京といふ」と。平安京という都の名前は遷都のその時から詔の中に謳われているという史実に注目したい。私たちは大和三山に囲まれている藤原京、あるいは平城京、長岡京などと呼んでいますが、これらは遷都の詔にはっきり書かれている都の名前ではありません。歴史研究者などが便宜上、史料などによって命名しているだけです。平安京という都の名称は、遷都の「詔」にはっきり書かれているのです。

そして三番目に、これはあまり注意されていませんが、「又、近江国滋賀郡の古津は先帝の旧都」と明記されています。大津宮は天智天皇が定められた宮です。「今輦下に接す。昔号を追て、大津と改称すべし」と、大津宮のことがこの遷都の「詔」では強調されています。これも大変重要なことです。平安京の、言うなれば外港として大津が強く意識されており、しかも桓武天皇の父は光仁天皇、光仁天皇の父は施基《しき》皇子、施基皇子の父は天智天皇です。天智天皇から見れば曾孫になる桓武天皇が、祖先の天智天皇の都のことを遷都の「詔」の中にはっきり指摘されています。京都と大津との密接な関係は、この遷都の「詔」の中にも述べられているということを忘れるわけにはまいりません。

慶応四（一八六八）年九月八日、慶応から明治に年号が変わります。そして十月、江戸城は東京城と命名されて、事実上の日本の首都が東京に遷ったわけですね。そして明治二年の二月には京都にありました太政官が、今で言えば内閣に当たりますが、東京へ移転した。我が国の歴史を振り返れば、都が遷ります時には天皇が遷都の詔を出されますが、明治天皇は遂に都を東京にするという詔は出しておられません。大正天皇も昭和天皇も出しておられません。東京は「詔」にはみえない、屁理屈かもしれませんが非合法の都ということになります。天皇が東京を都にするということをはっきり「詔」されていませんから、今もなお京都は都であると言う方があるかもしれません。実際の即位は京都御所でありました。残念であったのは、大嘗祭が東京城、つまり皇居で行われたことです。もしも大嘗祭が京都で行われておれば、私たちの京都は今もなお都であるということは、かなり説得力を持つことになったのですが。

## 非平安の都のなかで

平安京の歴史は、実に千七十四年という永い、千年を越える都の歴史を持っています。しかもその都の名前が平安です。これは平安楽土、平らかで安らかで楽しい土地を願って命名された都の名前ですけれども、実際の京都の歴史は決して平らかで安らかであったわけではありません。平安京の内実は、非平安京でありました。

例えば、鴨長明の『方丈記』は有名ですが、安元三（一一七七）年、平安時代の終わりのころですが、京都で火事が起こりまして、京都の約三分の一が焼けて行く様子を、鴨長明は『方丈記』で、見事に書いているわけです。京都の消防局の皆さんに講演を頼まれて行ったことがありますが、消防の皆さんに『方丈記』を読んでくださいと申しました。京都の燃えて行く様を鴨長明がリアルに描いているわけです。安元三年の大火事だけではなく、治承四（一一八〇）年の台風や元暦二（一一八五）年の大地震などにも言及しています。そして治承・寿永の内乱、応仁・文明の大乱。あるいは幕末ですが、皆さんもよくご存じの文久三（一八六三）年八月十八日の蛤御門の変すなわち禁門の変、京都のお年寄りの皆さんは、鉄砲焼けとか、ドンドン焼けとおっしゃっているように、戦争の大変な被害を受けて京都は度々燃え上がっているわけです。

それだけではありません。例えば、応仁の少し前ですが、寛正二（一四六一）年には大飢饉があって、京都の皆さんは飢えに苦しみ、病に苦しんで、当時の貴族の日記を見ますと最後は水を求めて鴨川に来るわけですね。死体が累々として鴨川の水が堰き止められたというようなことも書かれています。火事は江戸の花と申しまして江戸が度々火事に遭ったということは皆さんもよくご存じですが、京都も度々火事に見舞われました。例えば天明八（一七七八）年、大火事がありました。焼失の家数は三万六千七百九十七軒、二百一カ寺・三十七社が焼けています。平らかで安らかでないその非平安の京都に、国が指定をしております全国の国宝の約二〇パーセント、重要文化財の十五パーセントが残っているということを、皆さんにもう一度考えて頂きたい。

京都には本山がたくさんあります。ご来会の皆さんはお寺のことは割合よく知っておられるのですが、お社のことはあまり知らない方が多いですね。例えば、勅使が参向する社を勅祭社と言いますが、一番多いのは京都です。上賀茂、下鴨の両神社、正しくは賀茂別雷神社、賀茂御祖神社ですけれども、石清水八幡宮を始めとして、勅使が例大祭にお参りされる社が一番多いのは京都です。それだけではなくて、例えば町衆とよく言われますが、京都の有力商工業者が中心になって厚く信仰した恵比須さんですね。恵比須の神、さらに大黒さま、大黒天信仰に代表される七福神信仰も京都はさかんでした。そして京都は度々の火事だけではない、疫病にも見舞われ、兵火の被害を受けて参りましたが、上御霊神社や下御霊神社を始め、今宮さんの御霊会など、御霊の信仰も盛んな土地でありました。

現在、京都の神社には素晴らしい宝物がたくさんあります。平成十四（二〇〇二）年は菅原道真公が亡くなって千百年になります。延喜二（九〇二）年に亡くなりましたから、二〇〇二年はちょうど千百年目に当たり、全国各地の菅原道真公を祀っている社では大萬燈祭が実施されています。ご神忌千百年に因んでそれぞれの社の社宝をあげるだけでも、京都の社にいかに優れた貴重な文化財があるかということがわかります。そのたくさんの宝物は、京都の人々が度々被害に遭い、火事に遭い、飢えに苦しみ、病気に見舞われたその中で残ってきた宝物なのです。なぜ残ったか？　関係の神職がその宝物を守るために懸命になったということはもちろんですが、氏子の皆さんが守って来たのです。神主だけではありません。賀茂御祖神社は文明二（一四七〇）年に兵火の被害に遭っております。下鴨さんにはたくさんの貴重な文書がございましたが、火災の中で運び出したのですね。火事の中を運び出したのです。もちろん神職は懸命になりましたが、周辺の氏子の皆さんも運ばれました。

最近その時の文書が見つかり、私もそれを見て感動しましたが、巻物の上と下が焼けているんですね、幸いに真ん中が残っているわけです。その文書をＮＨＫのニュースで取り上げて、私が解読をしたこともあります。そういう文書を見ますと、お社の宝物は市民が守って来たのだということを実感するわけです。本殿が焼けますね、すると建てなければいけない。下鴨には糺《ただす》の森がありますから、一番簡単なのは、糺の森の樹木を用いることです。しかし御神木である森の木を切ることは神様に申しわけない、祟りが起こるという意見も氏子の中から起こって来るわけです。そこで、糺の森の木は一本も切らないで、他所の地域に木を求めて本殿の再興が行われた。これは糺の森に対する地域の皆さんの信仰の厚さが、森を守ってきたのですね。皆さんには、まずこのようにして京の社に優れた国宝・重要文化財が受け継がれてきたということをご理解頂きたいと思います。

## 神々の多様性

そして二番目は、京の神々が多様であることです。いろんな神様が京都には鎮座しておられます。八幡様は石清水八幡宮だけではありません、神護寺の近くには神仏習合で宇佐八幡から勧請しました平岡八幡宮が鎮座する、京都区域には八幡神社もたくさんある。庶民の神もあれば王朝貴族の神もある。英雄神も居られ、疫病神も居られる。京都の神社の神々ぐらい多彩・多様な神々は少ない。京都の社の神々の多彩性や多様性も改めてご認識頂きたいと思います。

日本の国学を大成したのは言うまでもなく、伊勢国松坂の本居宣長先生です。本居宣長先生は

『古事記』三巻を生涯の研究のテーマにして『古事記伝』という立派な書物を残しておられます。その中の三之巻で、日本の神とはどういうものかを、前にも紹介したように、宣長が明確に述べているわけです。日本の神様というのは、私は本当に多様だと思います。世界で宗教を巡る紛争が起こっているのは、その多くが一神教です。唯一絶対の神を奉じている宗教はどうしても排他的になりやすい。神道は八百万《やおよろず》の神と申します。たくさんの神がおられる。前のポーランドの大統領ワレサさんが日本にみえた時に大阪で対談したことがございますが、あの人は真面目なクリスチャンですね、私が日本の神の話をして八百万の神がいると言ったら通訳がそのまま八百万おられると訳したのですね。そうしたらワレサさんがびっくりして、日本には八百万も神がいるのかと驚いていらっしゃいましたが、そうではなく八百万は、八百屋さんの八百と同じで、たくさんという意味なのです。宣長がつぎのように述べています。名言だと思います。「さて、凡《すべ》て伽微とは、古御典等に見えたる天地の諸の神たちを始めて（日本の古典に見える神たちを始めて）、其を祀れる社に坐す御霊をも申し」。

現在、北海道から九州まで神社のない町や村はありません。どこへ行ってもある。沖縄は少ないですけれども、沖縄には沖縄の古くからの伝統である御嶽《ウタキ》を祀っている。そして明治十二（一八七九）年のいわゆる琉球処分以前にも琉球八社などがあり、琉球処分以後にさらに新しい社が出来ていくことになりましたが、全国で一番神社が少ないのは沖縄県です。これはこれで重要な意味がありますが、全国に社があり、社に祀られている神々が鎮座する。ところが明治政府が明治三十四（一九〇一）年の頃から大変不合理な神社合併をやったのですね。そのために地上から小さいお社が消えていって、大正七（一九一八）年に衆議院で神社合併無益の決議がなされますが、約十一万社ぐらいになりました。現在は小さい社も入れてですが、大体約十万社ぐらいが日本全国に鎮座しています。その神社には祀っている御霊の神もある。

その次、「又人はさらに云ず」。和気清麻呂を祀っている護王神社や、建勲神社は織田信長公を祀っている、豊臣秀吉公を祀っている豊国神社など、人を神として祀っている神社もありますが、「鳥獣木草のたぐい海山など、（海の神も有れば、山の神も有る、）其余何にまれ、尋常ならずすぐれたる徳のありて、可畏《かしこ》き物を伽微とは云なり」というように、あらゆる物、すぐれた徳のある物を神として認めるのです。よく日本の神道は多神教だと言いますが、そういう言い方は必ずしも正しくないのです。あらゆる物に神を見出していく、山には山の神有り、海には海の神有り。つまり自然の中にも、人間の暮らしの中にも神を仰ぎ神を信じ、自然と調和して暮らしを営むということを、我々の祖先はずっと工夫しながら守って来たのです。神道は汎神教であって、万有生命信仰が実相です。

私はその次が凄いと思うのですね、「すぐれたるとは尊きこと、善きこと、功しきことなどのすぐれたるのみを云に非ず」。我々は優れているのは尊いとか素晴らしく良いとか、手柄をたてたとか、そういう考えで言うのですが、それだけではない。「悪しきもの、奇《あや》しきものなども、よにすぐれて可畏《かしこ》きをば、神と云なり」。これが日本の神道の特色のひとつです。災いを起こす禍津日神もあれば、その神を問い正し直していく直毘神という神もおられるわけです。禍の神もあれば直の神もある、こういう神観は神道のありようとして大事だと思っています。

そのような日本の神々の特色は京にもたくさんあります。京都市だけではなくて京都府全体を含めて、日本の神々の特色を見出すことができます。例えば丹後の宇良神社、御祭神は浦島太郎です。常世の国に行ったという浦島太郎も、すぐれたる畏きものとしてずっと祀って来ています。そういう京都のお社の多様性、天皇家からわざわざ勅使が来て、お祭りする神々もありますし、あるいはえびす（恵比須）さんや大黒さんのような、極めて民衆性の強い神々もあります。

そしてこの京都は古くから国際性を持っていた都なのですね、朝鮮半島からも中国大陸からも、南の島々からも渡来の皆さんが渡って来る。平安京自体が中国の長安、第二首都であった洛陽をモデルに都造りがされたわけですから、平安時代の前期、京都の右京は長安城、京都の左京は洛陽城と呼んでいました。右京が廃れまして京都の代名詞は洛陽というようになったわけです。昭和四十九年に京都市は西安と友好提携を結びましたけれども、次に中国と友好提携をするなら河南省の洛陽とするべきだ、ということを私が絶えず申しているのは、京都は決して長安だけをモデルに、都造りをしたわけではないからです。

したがって例えば、渡来系氏族が祀ってきたお社、今お酒の神様として大変有名な西京区の松尾大社。御祭神は、大山咋神、山の神様。それから宗像三女神の一柱ですが、市杵島姫命という紛れもなく日本の神なのですけれども、この神を祀って社を造ったのは秦都理《とり》という人物です。秦氏は朝鮮半島南部の東側、新羅から日本に渡って来た氏族で、社を造った。このことは『秦氏本系帳』にも書いてあります。全国には三万あまりの稲荷社がある。そのお稲荷さんの総本社が本書次項の「伏見稲荷大社の創建と信仰」でも考察する京都伏見深草の伏見稲荷大社です。

有名な『山城国風土記』逸文に書いている稲荷社の創立の由来、「伊奈利と称ふは、秦中家忌寸等が遠つ祖、伊侶具秦公」。これは現在刊行されているすべての『風土記』でこのようになっていますが、この『風土記』逸文の校定は不充分ですね。「伊侶具」は、正しくは「伊侶巨」なのです。優れた国学者で伴信友という先生がいる。この方は考証をしっかりした学者ですが、信友先生でも考証が不確かで、「伊侶具」にされました。しかし、伏見のお稲荷さんの社家、秦親《ちか》業《なり》が書いた『稲荷社事實考證記』に『社司伝来記』を引用し「鱗」と朱書きしている。これは「いろこ」と読む説があったことを示しているのです。あるいは吉田神社大元宮を築いた吉田兼倶の裏書のある『延喜式神名帳頭注』に拠りますと、「伊侶臣」とありますが、「巨」というのが古い写本の字なのですね。ですから秦の伊侶巨の公と訓むべきです。この伊侶巨が社を造るのに貢献したという伝承が書いてあるわけです。

お稲荷さんの神社の伝承では、御鎮座が和銅四（七一一）年ということになっております。そして、松尾大社は大宝元（七〇一）年御鎮座ですから、松尾さんは二〇〇一年、御鎮座千三百年の記念事業をなさったわけです。今のお社の後ろは松尾山ですが、向かって右側をずっと奥に登って行きますと、巨大な磐座があります。これは御鎮座場であり、奉仕しておられる神職は朝夕そちらに向かって遥拝しておられるようですが、巨大な磐座があります。聖域ですから実測はできませんでしたが、目測で高さ約五メートル幅、約十五メートルくらいの大きさです。そういう古くからの信仰が既にあって、そこに五世紀のころに朝鮮半島から渡って来て住みついた秦氏が、伏見の深草から嵯峨野のあたりにも勢力を伸ばして社を造営して祀るのです。

## 渡来型と重層型Ａ・Ｂと

朝鮮との関係、韓国との関係を研究している人のなかには、渡来の皆さんが祀っている社の神はすべて渡来系の神だと言われる方もありますが、そんなに単純ではありません。実は三つのタイプがあるのです。今来《いまき》の神・渡来の神を渡来の皆さんが祀っているという、私の分類で言えば「渡来型」の場合もありますが、そうではなくて、日本の在来の神を海外から渡ってきた皆さんが祀っている場合がある。これが「重層型Ａ」です。それから逆に在来の列島に住んでいる、わかりやすく言えば在日本列島の人びとが、客神、渡来の神を祀っている「重層型Ｂ」です。そのように三つのタイプがあって、秦氏が祀っているからその神は韓国・朝鮮の神だというような単純な理解は誤りです。こういう重層型も京都には非常に多いのです。それはいかに京都の社が国際性を持っているかということです。

例えばお稲荷さんにしてもそうです。後白河法皇が編纂された、平安時代後期の『梁塵秘抄《りょうじんひしょう》』には、「いなりおばみつのやしろときしかといまはいつつのやしろなりけり」という歌が載っています。お稲荷さんは元は三座社だったのですね。史料によって平安時代後期には五社明神になっていることがわかります。本来どういう神かというと、宇迦之御魂神、大宮能売神、猿田比古大神の三神が、本来の『延喜式』に載っている三座の神です。そこへ田中大神、四大神《しのおおかみ》が加わるのです。京都の社にも、創建時の神だけでなく、祭神が増加するなど、神々にも推移があったのですね。

お稲荷さんでも稲荷祭りには稲荷御霊会がさかんであった時代がありますけれども、御霊信仰とも関係のあった時代があります。そして今も必ず稲荷のお神輿は東寺へ行くのですね。これは東寺と稲荷社の神仏習合です。東寺は真言密教です。真言密教とお稲荷さんが習合する。そして稲荷信仰は荼枳尼天《だきにてん》の信仰と一緒になってずっと拡がるのです。極めて多様な発展を示すことも、京の社の豊かな、素晴らしい点です。

京の社の神々が、いかに多彩でしかも多様で、そしてそれを仰ぎ祀って来た我々の先祖が、非平安京に度々起こった災害の中で、いかに京の社とその宝物を守って来たのか。そのことを我々自身が自覚して、今後いかに神々の信仰を守り生かしていくか、ということを改めて考える必要があるのではないかと思っています。

# 伏見稲荷大社の創建と信仰

## 『山背国風土記』に記された伝承

　全国の津々浦々におよんで稲荷の神がまつられている。それらのあまたの稲荷の総本社が、京都の伏見稲荷大社である。多くの人々が俗に「伏見のお稲荷さん」と親しんできた伏見稲荷大社の創建を物語る有名な古文献は、『山背《やましろの》（城）国《くに》風土記《ふどき》』逸文である。そこには次のように述べられている。

　「伊奈利《いなり》と称《い》ふは、秦中家忌寸等《はたのなかつえのいみきら》が遠《とお》つ祖《おや》、伊侶具《いろぐ》秦公《はたのきみ》、稲梁《いね》を積みて富み裕《さきわ》ひき。乃《すなわ》ち、餅《も》を用ちて的《いくわ》と為《な》ししかば、白き鳥と化成《な》りて飛び翔《かけ》りて山の峯《みね》に居《お》り、伊禰奈利《いねなり》生《お》ひき。遂に社《やしろ》の名と為しき。其の苗裔《すえ》に至り、先の過《あやまち》を悔いて、社の木を抜《ねこ》じて、家に殖ゑて禱《の》み祭りき。今、其の木を殖ゑて蘇《い》きば福《さいわい》を得、其の木を殖ゑて枯《か》れば福あらず」

この文に記す「伊侶具秦公」は、「伊侶巨《こ》秦公」であった可能性が高い。前にも言及したとおり、吉田（卜部《うらべ》）兼倶《かねとも》の覚書のある『神名帳頭註《じんみょうちょうとうちゅう》』逸文では「伊侶臣」と書き、秦（大西）親《ちか》業《なり》の『稲荷社事実考証記』に引用する「社司伝来記」では、朱書して「名字鱗に作る」とする。原典に「伊侶巨」とあったのが、「伊侶臣」と誤写されたと考えられる。「いろこ」は「うろこ（鱗）」に通じ、その子孫に鮒主《ふなぬし》など、魚を名とする者がいるのも参考になる。「伊侶巨秦公」と書くのは、同じ『山背国風土記』逸文が鳥部里《とりべのさと》の条に「秦公伊侶巨」と記すとおり、通常は秦（氏《うじ》）プラス公（姓《かばね》）プラス名の表記であった。

## 稲荷の語源はイネ（稲）ナリ（生）

さて、この逸文のいうところを要約すると、

(1)秦公伊侶巨が稲粱を積んで富み栄え、餅を弓の的にしたところ、白鳥となって飛び去り、山の峯にとどまって、稲が生えた。そこで伊禰奈利（稲生）を社の名とした。

(2)その子孫の代になって、先のあやまちを悔い、社の木を根ごと抜いて家に植え、禱《いの》りまつった。今、その木を植えて、繁れば福を得ることができ、枯れれば福を得ることができない、ということになる。

⑴はイナリの山の峯とイナリ社の社名の由来を物語り、餅が白鳥になる伝えは、前掲の鳥部里の条に「的の餅、鳥となりて飛び去《ゆ》き居《お》りき、その所を鳥部と云《い》ふ」の記事や、『豊後国《ぶんごのくに》風土記』の速見郡田野の条の「餅をもちて的となしき、時に、餅白き鳥になりて、発《た》ちて南に飛びき」の記載などにもみえている。餅と的の伝えの背景には弓占《ゆみうら》の民俗があり、餅と白鳥との伝承には、穀霊信仰が反映されて、餅と白鳥がそれぞれ穀霊とつながることを示す。

⑵はその後日譚で、社の木を抜いて家に植えて禱りまつったとするのは、神霊の依《よ》り坐《ま》す樹木を神籬《ひもろぎ》（神体木）とする信仰が反映されており、伏見稲荷大社の後の代の「験《しるし》の杉」の信仰にもつながる要素である。

「イナリ」の語源については諸説があるが、『山背国風土記』逸文が「伊禰奈利生ひき」と記すように、イネ（稲）ナリ（生）とみなすのが妥当であり、「イナリ」の表記も、「稲荷」より「伊奈利」と書く方が古い。それは天平十（七三八）年の『駿河国正税帳《するがのくにしょうぜいちょう》』に「伊奈利臣」あるいは『年中行事秘抄』・『二十二社註式』・『公事《くじ》根源』などに「伊奈利山」と記すのにもうかがわれる。

## お山への信仰が社の創建につながる

伏見稲荷大社は、いつ創建されたのか。『山背国風土記』逸文はその時期を明記していないが、天暦《てんりゃく》三（九四九）年五月二十三日の『神祇官勘文《じんぎかんかんぶん》』などは「和銅《わどう》年中」とし、『二十二社註式』や『社司伝来記』などは和銅四（七一一）年とする。

そして社が鎮座する伏見の深草には、『日本書紀』の欽明《きんめい》天皇即位前紀が物語るように、遅くとも六世紀のなかばのころまでには、伊勢などとも馬による交易をして、「饒富《にぎわい》を致《いた》」した秦大《はたのおお》津父《つち》のような有力氏族が居住していた。また『日本書紀』の皇極《こうぎょく》天皇二（六四三）年の十一月の条に述べるとおり、蘇我入鹿《そがのいるか》らの斑鳩宮《いかるがのみや》襲撃を逃れえて生駒山《いこまやま》に脱出した厩戸皇子《うまやとのみこ》（聖徳太子）の皇子山背大兄《やましろのおおえ》に、三輪君文屋《みわのきみふみや》が、伏見深草の屯倉《みやけ》に入って再起すべしと進言したのも、聖徳太子と伏見深草の秦氏とが深いつながりをもっていたからである。

その秦氏が伏見稲荷の社を創建し、その後裔は長く伏見稲荷社の社家として奉仕した。もっともその前提には、三つの峯のお山（神体山）の信仰があった。古典にいう神奈備《かんなび》の信仰がそれである。最近では、稲荷山（三つの峯）から出土した古墳時代の遺物を祭祀遺跡にともなうものとする新たな見解が提出されているが、注目すべき考え方である。

## 秦氏の祭祀とお山への信仰が融合

秦氏の「秦」が「ハタ」の借字《しゃくじ》であることは、『古語拾遺』が「波陀」と読み、『新撰姓氏《しょうじ》録《ろく》』が「波多」と記しているのをみてもわかる。それなら「ハタ」の原義はどうであったか。

「ハタ」を機織のハタに由来するとみなす説や、梵語のパタ（絹布）説、あるいは朝鮮語のパタ（海）説、「多」「大」の意味とする説、さらには古代朝鮮の古地名である波旦説など、さまざまな見解がある。

これらの諸説のなかで、もっとも説得力があるのは新羅《しらぎ》の地名、波旦説である。新井白石は、「波陀は韓国の語なり」とする卓見を『東雅《とうが》』で述べているが、『三国史記』（地理志）には新羅の古地名として「波旦県」がみえているばかりでなく、一九八八年四月に韓国慶尚北道蔚珍郡竹辺面鳳坪里で検出された甲辰《こうしん》（五二四）年の新羅古碑にも、明確に「波旦」と記されていた。早速、同年の七月に現地におもむいてこれらを確認したが、かつて鮎貝房之進氏が『雑攷《ざっこう》』で指摘された古地名波旦説が有力となった。

在地の人びとの稲荷山（神体山）信仰に、新羅系渡来氏族である秦氏の祭祀が重層して、伏見稲荷の社が具体化したのである。ナショナルであって、しかもインターナショナルな稲荷信仰の原初の姿をそこにみいだす。

## 深草の秦氏

ところで伏見稲荷大社の鎮座するところは、京都市伏見区深草藪之内町であり、深草の歴史はさかのぼって古い。古文献にみえる深草は、『日本書紀』の欽明天皇即位前紀に「山背国紀伊郡深草里」の人として物語られる深草の秦大津父《はたのおおつち》の伝承が早い。「馬」に乗って伊勢へ旅をし、「商價（交易）」している富豪として描かれ、天国排開広庭尊《あめくにおしひらきひろにわのみこと》の寵愛をえて大いに富み栄えたという。そして広庭尊が即位するにいたって（欽明天皇即位後）、「大蔵省《おおくらのつかさ》」の官人になったと伝える。この「大蔵省」とは大同二（八〇七）年に斎部広成《いんべのひろなり》がまとめた『古語拾遺』の雄略天皇の条に記す大蔵に相当し、国の財政にかかわる蔵部《くらべ》（貢物・出納の管理などにあたる官人）を意味すると思われる。

朝鮮半島南部の東側の新羅《しらぎ》をその直接のふるさととする秦氏が居住した深草の地域は、発掘調査によって弥生時代中期には農業をいとなむ人びとのくらしがはじまっていたことが明らかになっている。そして四世紀末から五世紀の段階になると、韓式土器を残した渡来の人びとが宇治市のあたりに居住し、さらに深草あたりへと勢力を伸張させる。

古墳時代中期にはV字形刃先を装着した風呂鍬《ふろぐわ》の普及や畜力耕具である馬鍬《まぐわ》が使用されたことが指摘されており、深草秦氏らによってもたらされた農具の革新を反映する。秦大津父の馬を使用しての交易の物語は、そのような文化を背景にしたと考えられる。

したがって深草には朝廷ゆかりの屯倉《みやけ》が設けられていた。皇極天皇二（六四三）年十一月、聖徳太子（厩戸皇子）の嫡子山背大兄《やましろのおおえ》皇子が、蘇我入鹿らによって斑鳩宮を包囲され窮地におちいって、生駒山にのがれたが、そのおり三輪君文屋《みわのきみふみや》が山背大兄皇子に「深草屯倉におもむき、ここより馬に乗りて東国に詣《いた》り、再起することを進言したと『日本書紀』が述べているのも興味深い。その地は深草秦氏の本拠地であり、秦大津父の馬による伊勢との交易のエピソードにうかがわれるように、馬の文化が存在していた。

『日本霊異記』中巻第二十四話に、楢《ならの》（奈良）磐嶋《いわしま》が馬と船によって越前の敦賀で交易している説話も参考になる。

大阪府の寝屋川市の地域にも秦氏の勢力があって、秦・太秦《うずまさ》の地名があり、五世紀後半から六世紀はじめにかけての太秦古墳群にもそのありようが反映されている。北河内には馬の牧《まき》があって、実際に数多くの馬の埋葬例が検出されている。

深草秦氏の勢力が、六世紀に入って京都市右京区西南部から西京区東北部の嵯峨野・嵐山の地域にひろがっていったことは、大型古墳や群集墳の築造などにもうかがわれるが、あわせて北河内の秦氏とのつながりにも注目する必要がある。

馬の文化は交通・軍事ばかりでなく、農耕や交易にも寄与したが、新しい技術と交易によって富を集積していった深草秦氏が、稲荷山の信仰を前提に、「ヤシロ」を創建した背景もみのがせない。

## 農耕の神から殖産、商売、屋敷神へ

祭神としては『延喜式《えんぎしき》』に三座・名神《みょうじん》大社の神とするように、宇迦之御魂大神《うかのみたまのおおかみ》（下社・中央座）、佐田彦大神《さたひこのおおかみ》（中社・北座）、大宮能売大神《おおみやのめのおおかみ》（上社・南座）を奉斎《ほうさい》し、『枕草子』や『蜻蛉日記《かげろうにっき》』などには「三社詣で」「三社明神」と述べられている。この三神に田中大神（田中社・最北座）、四大神《しのおおかみ》（四大神・最南座）が併祀される。先にも述べたとおり『梁塵秘抄《りょうじんひしょう》』に「稲荷をば三つの社《やしろ》と聞《きき》しかど今は五つの社なりけり」と詠まれているのが、その推移を投影する。

稲荷大神は五穀をはじめとする農耕の神とあがめられてきたが、やがて殖産の神、商売繁昌の神あるいは屋敷神として祭祀されるようになる。その民衆とのつながりは、平安時代にはすでに存在していた福徳を得るために毎年稲荷山に登る、お山の信仰にもみいだされる。そしてそれは中世の下・中・上ノ塚などのお山の、神の降臨をあおいでまつるところとして具体化し、信仰者が「何某大神」などの神名を石に刻んでまつる「お塚」の信仰へと発展した。

## 鳥居の朱は聖なる呪物

お稲荷さんの信仰で注目されるのは、朱の鳥居と神使（眷属《けんぞく》）である。朱が古くから腐蝕を防ぐ聖なる呪物《じゅぶつ》と考えられていたことは、たとえば奈良県天理市の黒塚古墳あるいは天神山古墳の石室内に大量の朱が埋納されていたのをみてもわかる。

そして「神社料用」として赤土が用いられていたことは、天平十（七三八）年の『周防国正税《すおうのくに》帳』に確かめられる。平成十一（一九九九）年の九月一日から始まった出雲大社境内の発掘調査で姿を現した杉の巨柱痕（磐根之御柱《いわねのみはしら》・宇豆柱《うづ》・東南側柱）のすべてに赤色顔料が付着していたというのも興味深い。『古事記』の歌謡や『出雲国風土記《いずものくに》』、はたまた『出雲国造神賀詞《かんよごと》』などに「八百丹杵築《やおにきづき》」「八百丹杵築宮」と表記されたのも偶然とはいえない。

神使の例は春日大社の鹿、熊野三山の烏、日吉大社の猿など、ほかの古社にも例がある。お稲荷さんは狐で、やがて宮廷女官の命婦《みょうぶ》という名がつけられ、白狐が神使とみなされるようになった。白狐社と称する別殿がいとなまれ、古くから命婦社とも称されてきた。狐と稲荷社との関係は狐を山から田の神への神使とする民間信仰があったこととかかわりがある。

# 「鎮守の森」と日本の文化

## 日本人の自然観

最近、妻を亡くしまして、体調が非常に悪く、きょうの講演会にはたして出てこられるかと心配しておりました。しかし、ドナルド・キーン先生が「上田先生が講演を依頼してきたのだから、断るわけにいかない」と言って、おいでいただいたので、私が欠席するわけにはまいりません。きょうは来てよかったなと思っています。さすがにキーン先生は日本の文化をよくご理解になっていると思います。東日本大震災については、私の講演のあと、社叢学会の先生方が現地の調査に入って、いろいろ検討しておられ、その成果をもとにシンポジウムが行われます。

東日本大震災が起こりました時に、すぐに思い出した論文があります。それは昭和十（一九三五）年の十二月に五十七歳の若さでお亡くなりになった、東京帝国大学の宇宙物理学の教授であった寺田寅彦先生が、最晩年にお書きになった「日本人の自然観」という論文の一節です。さきほどキーン先生が、中国から日本に来たときに、日本には緑が、木が多いことにびっくりしたというお話をされましたが、たしかに日本には森が多い、山林が多い、山が多い、川が多い、盆地があり、平野がある。寺田寅彦先生は「母なる大地」と呼んでおられます。しかし、この日本には、母なる大地だけではない、厳しい父、厳父の刑罰があると。それは、地震であり、台風であり、津波であるということを書いておられる。それだけであれば、なるほどな、と思うだけですが、さらに「ヨーロッパの学問は自然と対決して発展してきた。日本の学問は自然と調和する知恵」という、自然と対決するのではなく、いかに自然とうまく調和していくかという、「自然と調和する知恵と、その体験を蓄積して発展してきた」ということを書いておられました。

戦後の日本の学問は完全に欧米型になってしまったのではないか。いかに自然と対決し自然を克服するか、と。自然と調和する知恵と体験を蓄積する学問のありようを見失ってきたのではないか、ということを思い起こしました。日本人が自然といかに調和し、その知恵を発揮してきたか。私はそのひとつのよい例が鎮守の森だと思っております。そもそも鎮守という漢字の熟語がいったいいつごろから中国で使われ出したか。邪馬台国問題でみなさんよくご存じの『三国志』――西晋の陳寿が編纂いたしました『三国志』の「魏書」、よく「魏志」と言われますが、これは俗称でして、正しくは「魏書」です。その「魏書」の中に「鎮守之重臣」という用語が出てまいります。その鎮守というのは軍事をもって治める重要な家臣という意味です。五世紀の中国の北魏の時代に、「鎮」という言葉がどのように使われたかといいますと、軍政区、軍隊の駐屯地を、○○鎮、△△鎮と書いています。八世紀の唐の時代になりますと、「鎮」は軍政区、軍隊が守っている、軍事力が及ぶ地域、軍政区を「鎮」といい、それを守る役所を「鎮守府」と申しました。したがって、今度の地震でも影響をうけましたが、征夷大将軍がおりました多賀城には、陸奥鎮守府が置かれていました。このように「鎮守」ということばは軍隊用語としても使われておりました。それは明治時代以降の海軍をお考えになってもよくわかると思います。兵学校のあった呉には呉鎮守府が、京都では舞鶴に舞鶴鎮守府がありました。海軍では、「鎮守」という言葉を、国を守り鎮めるという意味で使っておりました。

それでは、「鎮守の森」の「鎮守」ということばは、いつごろから日本の歴史に現れるのか、ということを調べてみますと、平安時代の編年体の歴史書に、『本朝世紀』があります。その、天慶二（九三九）年の正月十九日のところを読みますと、鎮守正二位勲三等大物忌大明神という用例が出てまいります。大物忌神社は山形県側に鎮座しますが、鳥海山の山上と山麓に鎮座します。これが私の調べた限りでの、神社そのものを「鎮守」と表現している――ほかにもっと古い例があるかもしれませんが――一番古い史料です。

## もりとやしろ

私どもは神社、神社とさかんに呼んでいますが、神の社《やしろ》と書いて「神社《じんじゃ》」という読み方は、実は新しい。平安時代に入ってからでしょう。古代の人たちは森と林というものを明確に区別しておりました。『出雲国風土記』、これは天平五（七三三）年の二月にできあがりました。意宇《おう》郡のところをお読みになりますと、母理郷《もりごう》とあります。森のある村、「もりごう」。拝志郷《はやしごう》、林の多いところは「はやしごう」と、村の名前でもはっきり区別している。森というのは、英語でいうとforest、自然林です。林は人工林woodです。苔を〝はやす〟とか、苗を〝はやす〟とか、その名詞形が〝はやし〟です。そして、神社という字ですが、それは前にもふれましたように『出雲国風土記』の秋鹿郡、女心高野の条に、「上頭《かみのほとり》に樹林あり。此れ即ち神の社なり」と書いてあります。神の社と呼んでいて、しかも、その神の社は、今私どもは神社というのは本殿があったり、拝殿があったりするのを神社だと思っておりますが、そうではない。樹林そのものが神の社だと書いてあることがわかります。

『万葉集』には、神社という漢字の熟語について、社という漢字が使われておりますが、これは「かみのやしろ」と訓《よ》んだ例と、「もり」と訓んだ例と、「コソ」――これは朝鮮読みですが――この三つの古訓があります。『万葉集』では「神社」と書いて、「もり」と読んでいる例が三例。

「社」を「もり」と読んでいる例が十一例あります。「木綿懸而　斎此神社　可超……（ゆふかけて　いはふこのもり　こえぬべく……）」この歌は「神社」を「もり」と読んでいる例ですね。「山科《やましな》乃《の》　石田社尓《いはたのもりに》　布麻越者《ぬさおかば》　蓋吾妹尓《けだしわぎもに》　直《ただに》　相鴨《あはむかも》」。「社」という字を「もり」と読んでいる例です。「じんじゃ」という読み方は平安時代のころからであって、奈良時代は必ずしもそうではない。

そもそも、本殿という形態は、現在の研究でも五世紀、古墳時代中期のころから具体化するといわれておりまして、それ以前は神の鎮まる山、神奈備《かんなび》。神体山をかんなびというのですね。あるいは聖なる神の降臨する樹木、神籬《ひもろぎ》、神の宿る磐や石、磐座《いわくら》、聖なる場所を示すストーンサークル、磐境《いわさか》……これらが縄文や弥生時代の神の社の原像であって、棟持ち柱のある紀元一世紀ころの首長の殿舎などは、私は祭政未分化の同殿共栄の状況を示す建物と考えています。今私どもが○○神社、△△神社、などという「じんじゃ」という読み方自体が新しいということを、改めて確認しておきます。森そのものに神が宿る。自然の中に神を見出し、畏れ慎む信仰が鎮守の森の信仰の中に明確に存在することを忘れるわけにはまいりません。

そしてその鎮守の森がだんだん発展していくわけですが、そもそも鎮守という言葉が国民の中にこんなに広く広まったのはいったいいつのころからかと考えてみました。間違っているかもしれませんが、かつての文部省唱歌の「村まつり」、「むらのちんじゅのかみさまの、きょうはめでたいおまつり日。ドンドンヒャララ、ドンヒャララ……」という、あの歌です。あの歌が「鎮守」という言葉を国民の間に定着させたのではないかと思っています。

一三三六年から一三九二年までがいわゆる南北朝です。足利尊氏が北朝を擁立したのが、一三三六年です。南北朝が合体したのが一三九二年です。六十年には少し足りませんが、南朝、北朝が互いに争い、守護を中心とする大名が、ある者は南朝を支持し、ある者は北朝を支持する。貴族や寺社でも、南朝派と北朝派が分かれた時代です。その時代に、ムラに対する政治的支配力が衰えます。逆に村人の力が強くなっていく。荘園制の枠を超えた村々の連合ができます。これを惣村あるいは惣郷といいます。ムラ・ムラの連帯が進む。そしてそのコミュニティのセンターになったのが、鎮守の森です。ムラの人々が長《おさ》を選んで掟を作る。つまり自治です。今でも近江には宮を守る宮座がしっかり残っております。私は京都府の亀岡市に住んでいますが、亀岡あたりでは宮ノ党があります。もちろん、これにもいろんな種類があって、株が中心になっておこなう宮座は株座といいますし、誰もが参加できる宮座は平座と申しますが、ムラ・ムラの人々が鎮守の神を守り、ムラの掟を作り、ムラの自治を行い、そこで相撲をしたり、歌寄合・茶寄合あるいは猿楽などをしたり、芸能の場にもなった時代です。南北朝以降、鎮守の森はコミュニティセンターの役割をずっと担ってまいりました。

今度の大震災で、沿岸部の神社では津波の被害を受けています。しかし高台にある神社は残っています。避難所になった神社も多い。そしてその場での芸能の奉納に勇気づけられた方も多い。これからの神社のありようとしては、鎮守の森をコミュニティセンターとして再生していく、ということが重要ではないかと思っています。

ところが、前述しましたとおりにその鎮守の森が日本の歴史で二回、大きな被害を受ける時代が訪れます。

## 「鎮守の森」の被害

第一回は、明治の神社合併です。第二回は戦後の経済復興の名のもとに行われた鎮守の森の破壊、いわゆるバブル経済の時代に鎮守の森の境内が削られて工場になったり、団地になったり、ひどい場合には神社の中に道路が鎮守の森を削ってできあがるというような被害も受けました。しかし、鎮守の森はそれでも滅びなかった。

そこで、明治の神社合併について、学界でも誤解がありますので、少し申し上げておきたいと思います。

神社合併が明治三十九年から始まった、というのが学界の通説です。しかし、それは誤りです。明治の新政府は慶応三（一八六六）年の十二月、王政復古の大号令を出しました。すべての事柄は、「諸事、神武天皇建国の古《いにしえ》に基づき」というように書いてあります。『古事記』を読んでも、『日本書紀』を読んでも、神武天皇の条や巻には政治体制のことは何も書いてありません。いわゆる王政復古の大号令の「古」ですが、その具体的な「古」は律令制です。律令制では神祇官と太政官が設けられました。これと同じように、明治新政府は神祇官を設けるのです。明治二(一八六九)年の七月に神祇官を設けるのですが、しかし、すぐにこれが省に格下げになる。すなわち明治四年八月、神祇省になる。そして明治五年三月には教部省になる。明治十年正月には教部省を廃止して、内務省の中の社寺局になります。格がだんだん下がっていくのです。明治三十三年には、社寺局は神社局と宗教局の二つに分かれます。そして、明治三十四年から、和歌山県から神社合併が始まる。そして三重県に及んでいくのです。ただし、必ずしも最初は強制的ではなかったのですね。明治三十九年に「勅令」が出て、神社合併が進められていくのですが、内務省自体は神社合併を直接に肯定した法律や省令をだしていなかったことに改めて注意する必要があります。「勅令」は出たのですが、法律ができていません。それから内務省令も出ておりません。明治三十九年八月十四日、両局長の通達、つまり神社局長と宗教局長通達でも、「神社、体裁備ハラス、神職ノ常置ナク、祭祀行ハレス、崇敬ノ実挙ガラサルモノ」は「成ルヘク合併ヲ行ハシメ」と記されています。なるべく合併を行わせる。そして、明治三十九年の場合でも、その決断は府県知事に委ねられておりました。したがって、たとえば京都府では知事さんがえらかったので、ほとんど神社合併は行われておりません。

一番激しかったのが和歌山県です。その和歌山で、紀州熊野をフィールドに研究していた、エコロジー（生態学）、フォークロア（民俗学）の優れた学者が南方熊楠です。南方熊楠は明治三十九年に立ち上がったと書いてある本がありますが、それも間違いで、実はもっと遅いのです。実際に熊楠が立ち上がったのは、明治四十二年です。明治四十二年の九月に神社合併反対の意見表明をして、立ち上がりました。そして和歌山の田辺で神社合併促進の集会があったところに乗り込み、壇上に上って演説を妨害して、十八日間警察に拘留されています。それでも熊楠は屈しなかった。植物分類学の大家の松村任三、植物学の大家の白井光太郎に宛てて、神社合併がいかに無益かということを八項目にわたって、進言しているわけです。それでもなかなかうまくいかないのです。

もちろん、熊楠だけが反対運動をしたわけではありません。日本民俗学の育ての親である柳田国男も、白井光太郎に宛てた手紙と、松村任三に宛てた熊楠の手紙を自分で印刷して、「南方二書」として有識者に配って応援した。あるいは国会でも高木兼寛や江木千之という議員が神社合併反対の意見を述べております。特に南方熊楠は、明治四十五年の『日本及日本人』の四・五・六月号に「神社合併反対意見」を発表します。ここでは七項目の反対理由をあげていますが、たとえば「第二に、合祀は人民の融和を妨げ、自治機関の運用を阻害す」と明記しています。「第四に、合祀は庶民の慰安を奪い、人情を薄くし、風俗を乱す」、「第五に、合祀は愛郷心を損ず」

と論じます。生態学者、民俗学者として「第七に、合祀は勝景史蹟と古伝を湮滅《いんめつ》す」などと述べているのは当然ですが、鎮守の森がコミュニティセンターであることをはっきり認識していたことがうかがわれます。

しかし神社合併は強行されました。ようやく神社合併が無益であると国会で決議されたのが、大正七年です。調べてみますと、明治三十九年の統計で、全国に社が約十九万あったのですが、大正六年の末の統計を見ますと、約十一万。なんと八万の神社が地上から消えている。建物だけではなく、もちろん鎮守の森も消えます。しかし、ようやく大正七年に神社合併は無益だと衆議院で決議されて、神社合併は終わりました。

そして、戦後のバブルの時代の第二の危機も乗り越えています。東京の皆さん、代々木の森を見てください。明治神宮はいつできたのですか。大正九年です。大正九年に創建された明治神宮があのように立派な鎮守の森を作っている。京都のみなさん。平安神宮の神苑と森を見てください。平安神宮はいつできたのですか。明治二十八年です。京都には非常に大きな聖なる森があります。社叢学会が設立総会の場所にそこを選んだのには理由があって、現在の東京ドームが三個入る大きい森が京都にあります。それが糺《ただす》の森です。たびたびの危機を鎮守の森は乗り越えてきた。自然の中に神を見出し、畏れと慎みの中で鎮守の森は守り生かされ、コミュニティセンターの役割を担ってきた。寺田寅彦先生が、自然と調和する知恵と経験を蓄積して、日本の学問は発展してきたといわれましたけれど、私は鎮守の森はまさにそのシンボルと言ってもよいと思っています。

今、共生という言葉がさかんに使われています。一般的には「共生」は共生きといわれます。共に生きること、それはもちろん大事なのですが、共に仲良く生きるというだけでは、現状維持にとどまりやすい。まことの共生は、共に生む。自然と共に新しい文化と歴史を生む。この目標が必要です。『古事記』をお読みください。二〇一二年は「古事記千三百年」ですが、共生を、『古事記』は共生みと訓《よ》んでいます。私は素晴らしい訓みだと思っています。自然と調和し、自然と共に新しい文化を生んでいく。きょうのキーン先生のお話をお聴きしながら、そのことをますます確信するに至りました。

＊この講演は、二〇一一年十一月十六日、学士会館でのドナルド・キーンさんとの対談のあとで行なったものである。

# 三輪山神婚伝承の意義

## 神奈備三輪山

三輪山は大物主神の鎮まる神奈備であって、その三輪山を神体山とする大神《おおみわ》神社は現在も本殿のない社として大変有名です。標高四六七メートル、円錐形の非常にきれいな三輪山は、大和盆地の東南に位置して、『万葉集』にも度々うたわれています。私も何度か三輪山に登らせていただきました。奥津磐座、中津磐座、辺津磐座の三つの磐座群の佇まいに感動したことを改めて思い起こしています。とりわけ三度目に登らせて頂きました時はちょうど夕暮れ時で、西を見ますと二上山に夕日が沈みゆく風景のなかで、古代信仰のふるさとがよみがえってその神々しさに襟を正す思いでした。

この三輪山は神奈備山ですが、真穂《まほ》の御諸山《みもろやま》とも呼ばれ、その伝承は『新撰姓氏録《しんせんしょうじろく》』にも記されています。嵯峨天皇の弘仁六（八一五）年万多《まんだ》親王を中心に、五カ国（大和、山城、摂津、河内、和泉）の千百八十二の氏族《うじぞく》の祖先の系譜伝承をまとめた書物が『新撰姓氏録』です。その中に真穂の御諸山と書いてあります。私はこの真穂の御諸山という言葉に、古代人の神体山に寄せた思いが非常によく示されていると思っています。

ところで、大神神社で平成の大造営が竣工し、それを言祝ぐ短歌を神社が募集され、毎年歌集を刊行されていますが、第四回の三輪山の歌集では次の歌を献詠させて頂きました。

纏向の弥生遺跡のむかし想うカミの息吹の真穂御諸山

真穂御諸山はまことに神の山の名にふさわしいと思います。

私事になりますが、三女の長女、私の孫ですが、孫娘の命名を頼まれ、真穂という名前をつけました。これも、三輪山ゆかりの真穂にあやかってのことです。

今も三輪鳥居の奥が神体山であり、平成の大造営で見事に竣工した立派な拝殿はありますが、大神神社には本殿は現在もありません。

この大神神社の祭神の大物主神と『古事記』では活玉依毘売《いくたまよりひめ》、『日本書紀』では倭迹迹日百襲《やまとととひももそ》姫《ひめ》が婚姻を結ぶ伝承が収められています。これが三輪山の神婚伝承です。

初めに申し上げますが、『古事記』の活玉依毘売、『日本書紀』では倭迹迹日百襲姫という名前には意味があり、二人はともにシャーマンの性格をもつ女性です。

シャーマンは、漢字では「巫」という文字で表します。この「巫」の字は女性の巫女で、男性の場合は「覡《げき》」の文字を用います。シャーマンは女性ばかりでなく、男性のシャーマンもいるわけです。卜占・予言・治病・祈禱などを行なう巫覡《ふげき》を中心とする信仰をシャーマニズムといいます。

このシャーマニズムの研究で大変有名なアメリカの学者が、ミルチャ・エリアーデです。その著書『シャーマニズム』では、世界のシャーマニズムを研究し、二つのタイプを指摘しています。一つは、霊がシャーマンに依りつくポゼッションタイプ（possession）、憑霊《ひょうれい》型です。それから、シャーマンの魂が、神あるいは精霊・死霊などのもとへ行って帰ってくる、エクスタシータイプ（ecstasy）。これには適当な翻訳がありませんので私は脱魂《だっこん》型と呼んでいます。エリアーデはエクスタシータイプを重視しましたが、『古事記』の方の活玉依毘売の名は魂《たま》が依りつく、活き活きとした魂が依りつくというもので、まさにポゼッションタイプです。一方、『日本書紀』の描いている倭迹迹日百襲姫は、その名のトトヒが意味するように、鳥のように飛んでいく魂、エリアーデがいう脱魂型のシャーマンの名前とうけとめています。

三輪山の神婚伝承に登場する、女性のシャーマンの名前が、『古事記』は活玉依毘売であり、『日本書紀』は倭迹迹日百襲姫であるというのは、決して偶然ではなくて、大変意味があると思っています。

ところで、エクスタシータイプ、脱魂型のシャーマンのタイプはどちらかというと中国からモンゴル、シベリアにかけた北方系に多い、逆に、ポゼッションタイプ、憑霊型のシャーマンは南方系に多いといわれていますが、大変興味深い指摘であると思っています。

## 神婚伝承

三輪山の神婚伝承では大物主神が蛇に姿を変えて妻問いをされる。こういう蛇聟入《へびむこい》りの伝承は神話だけではなく伝説にも昔話にもあります。そもそも、神話と伝説、昔話は違うわけで、厳密に区別する必要があると思います。今私どもは、神話、伝説、昔話など、全て活字になったもの、いわば記録として読んでいますが、古く神話、伝説、昔話は口から耳へ、耳から口へと語り伝えられる、口頭伝承、略して口承と申しますが、口承がもとであったわけで、記録化されるのは後のことです。

神話は英語でミス（myth）と言いますが、神話という用語は明治になってからの翻訳語なんですね。私の調べた限りでは、日本神話学の基礎が築かれたころ、ミスを翻訳して神話というように書かれたのが早い例です。ですから中国や朝鮮の古典にも、神話というような用語は出てきません。

神話というのは聖なる語りであって、日常の語りではないのです。古代の人々は日常生活を「ケ」と言い、聖なる祭りの時間と空間は「ハレ」と言いました。

そのハレの場、神祭りの場で語られるのが神話です。いかに荒唐無稽な神々の話が語られていても、それを語っている人、聞いている人は深く信じている、ハレの語りであって、強固な信仰性が神話を特徴づけているのです。日本の古典では「神話《かんがたり》」とみえます。

ところが伝説、legendという英語で言ったほうが区別しやすいのですが、あるいは昔話(folktale)、これらは「ケ」の語りなんですね。これらは日常の生活の中で語られる。例えば、今でも語りのおじいさん、おばあさんがおられて、囲炉裏端で昔語りをされる。聞いている人はお茶を飲んだり煎餅をかじったりして聞いている。これは「ケ」の語りです。

伝説には特定性がある。特定の事物に則して語られるわけで、例えば山や川や石、あるいは樹木などです。これを私は「伝説の即物性」と呼んでいます。そして伝説には、時は元禄十四年というように特定の年次が語りの中に入っている場合がありますし、場所も明確に吉備国の高梁川《たかはしがわ》など特定のものが伝説の中に登場する場合もあります。そしてそれは我々の祖先が体験した出来事として語られる。これを私は伝説の「体験性」と呼んでいます。

ところが昔話は全く違う。「ケ」の語りである点は共通していますが、例えば吉備の桃太郎は有名で、川から桃が流れてきます。しかし、どんな川か分からない。場所もわからない。昔々あるところにと言うようにいつの時代かもわからない。昔話は伝説と全く違って「非特定性」なのです。そして最後は「であったとさ」というふうに終わるのです。もちろん、地域によって言い方は異なり、新潟の方の昔話は最後になぜか「とうびんと」という言葉で終わります。つまり、昔話は客観視して語られている。そこには人生の様々な教訓が、「こういうことをしたら罰があたる」、「こういうことをすれば幸いがくる」などと幸いや教訓が語られるわけです。

　そして日本の昔話の中には三輪山の神婚譚と似たような、蛇聟入りの話もあります。蛇が美しい女性の元へ通って、そして子供が生まれる。これは三輪山の神婚伝承とよく似ている。しかし『古事記』の三輪山の神婚伝承と比較致しますと、内容がかなり違うことがわかります。

　例えば、現伝最古の仏教説話集『日本現報善悪霊異記《にほんげんぽうぜんあくりょういき》』、通称『日本霊異記《にほんりょういき》』という書物があります。これは奈良の薬師寺の景戒上人《けいかいしょうにん》が編纂された上中下三巻の仏教に関する説話を集めた大変貴重な古典です。併せて一一六の説話が入っています。いつ頃まとめられたかというと、嵯峨天皇の弘仁年間、おそらく弘仁十三（八二二）年のすこし後ぐらいですから、九世紀の前半、平安時代の初めのころに出来上がった書物です。その中巻の話に、村人が蟹をいじめていたのを綺麗な乙女が見つけ、自分の着ている着物を脱ぎ捨てて、着物と交換に蟹を救う話があります。そして、別の話に大きな蛇が蛙を呑み込んでいるところに出くわす。今度も蛙を救おうと大蛇に頼むのですが、大蛇は承知しない。そこで最後に私があなたの妻になりますからと約束して蛙を助ける説話が収められています。結局は家に帰って、家の者に相談すると大変なことになったということで、戸締まりをする。娘が恐れおののいているところに蛇がやって来て、その尻尾で戸を叩いたり、あるいは屋根をこじ開けて入って来ようとするわけですが、大きな物音がして静かになった。朝起きて外に出てみたら、蟹によって蛇がずたずたに切り裂かれていたという話、共に親切で信心深い女性に蟹が報恩したという説話です。これは蛇聟入り説話が発展し、変形したものです。

この説話が鎌倉時代の初めの頃に出来上がった『今昔物語集《こんじゃくものがたりしゅう》』の「蟹満寺《かにまんじ》」の話になって収められています。奈良市の北、現在の木津川市山城町に蟹満寺という有名なお寺があります。そこには立派な釈迦如来像がありまして、一部の芸術史の先生方は天平仏であるといっておられますが、私はそれよりは古い、いわゆる「白鳳」の御仏であろうと思っています。この国宝の釈迦如来像のある蟹満寺、『今昔物語集』では蟹満多寺、紙幡《かばた》寺とも書いていますが、『和名抄』の蟹幡郷に所在する寺です。やはり乙女が蟹を救い、その恩に報いる為に、乙女のもとにやって来た蛇を蟹が殺すという蟹の報恩譚が蟹満寺の縁起になっています。

その由来をたずねますと、『古事記』・『日本書紀』の三輪山の神婚譚の蛇聟入りの神婚譚にさかのぼります。中でも『古事記』の物語のタイプを民話研究の分野では、苧環型《おだまきがた》と呼んでいます。神婚譚の中で麻糸を巻き付けた苧環《おだまき》が後に三勾《みわ》残ったことから三輪という地名にもなったというもので、この苧環型と呼ばれている『古事記』の三輪山神婚譚は蛇聟入りの最も古いタイプです。これは日本の昔話の研究をする方々にとっても大変興味深い、重要な伝承です。

そしてこの三輪山神婚伝承には大物主神が登場する。単なる昔話ではなく、神話の要素も入っているということも併せて注意する必要があります。私は大物主神という神様は奈良盆地の歴史を考える時に忘れてはならない神だと思っています（後述参照）。

## 伝承の比較

この三輪山神婚伝承は崇神天皇の代のできごととして語られていますが、皆さんのなかには神《じん》武《む》、綏靖《すいぜい》、安寧《あんねい》、懿徳《いとく》、孝昭《こうしょう》、孝安《こうあん》、孝霊《こうれい》、孝元《こうげん》、開花《かいか》という風に歴代の天皇名を暗記された方も多いかも知れません。崇神天皇は十代目の天皇とすぐにわかるのですが、今の若い世代は知らない。

話が逸れますが、今の若い人は総じて歴史の勉強をしない。講演会でも年配の方ばかりが多くて、若い方は少ない。本日の新聞にある調査が載っておりましたが、それには卑弥呼や福沢諭吉は知っているが、大久保利通や木戸孝允となると回答率が低い。これは明治以降の歴史をあまり教えない現在の学校教育にも問題があると思います。今の若い皆さんにはもっと歴史を勉強して欲しい。

かつて、京都大学で教養部の日本史概説も受け持っておりましたが、ある時に質問に来た学生が真面目な顔をして大国主命を読み違えて「だいこくせいめい」というんですね。ある時は中臣という氏族を「ちゅうしん」と読む、忠臣蔵でもあるまいし。また日本武尊は「にっぽんぶそん」と読んでいる学生がいました。本人は真面目なのですが、よくよく聞いてみると、高等学校で日本史を選択していない。日本の歴史は選択ではなく必修科目にして欲しい。こんなことでは愛国心が育つはずがない。愛するに値する国を造らなくて、どうして愛国心が育ちますか。愛するに値する郷土ができなくて、郷土愛が育つはずがない。まず何よりも大事なのは愛するに値する国家、愛するに値する郷土を造ることだと思いますが、そのためには日本の歴史を是非学んで欲しいと思うわけです。

私は平成十九（二〇〇七）年に満八十歳になりましたが、東京の出版社の会長さんがお見えになり、今の若い世代に向けて先生が研究してこられたことを書いて下さいと依頼されました。それで先程申しましたような思いもありましたので、『日本人のこころ』という本を書きました。これは若者に向かって書いた本で、私が永年、日本の歴史や文化を研究してきたことをベースにして、日本の文化に対し、今の若い皆さんが自信をもってほしい、日本の文化は世界と比較しても決して恥ずかしくないものであることを知ってほしいと思って書いた本です。

さて、この三輪山神婚伝承の場合、神様が蛇に姿を変えて活玉依毘売や百襲姫のところを訪れるという話で、若者ならば荒唐無稽で理解できないような話だと簡単に片付けるかもしれませんが、そうではありません。優れた男性が動物に姿を変え女性を訪ね、その間に子供が誕生し、その子供が英雄となる出生譚は日本だけではなく朝鮮にもあります。

十三世紀後半に高麗の僧、一然《いちねん》という人が百済、新羅、高句麗の朝鮮三国の様々な伝承を纏めた『三国遺事《さんごくいじ》』という書物があります。但し、『三国遺事』の中には『加羅国記《からこっき》』が引用されており、慶尚南道《けいしょうなんどう》の大邱《テグ》から釜山《プサン》という地域にあった加耶《かや》国の伝承もはいっていますから、正確には四ヶ国の遺事です。

この書物の中に後百済の英雄、甄萱《けんけん》という将軍の伝承があります。

これは甄萱の出生譚ですが、容姿端麗な女性のもとに紫の衣を着た綺麗な男性が日毎に妻問いに来る。その男子の素性が解らないので父に相談したところ、長い糸をその男性の衣に針で指し抜いて、その後をたぐっていきなさいと教えられる。それで夜明けに糸をたぐっていくと、それは大きなミミズであった。そして二人の間に生まれたのが甄萱であるという伝承で、『古事記』の三輪山伝承とよく似ている。『古事記』は蛇ですが、ここでは大きなミミズということになっています。

また、中国の唐の『宣室志《せんしつし》』という文献の、張景《ちょうけい》という英雄の娘の話では地虫、さらに清朝を開いた奴児哈赤《ヌルハチ》の伝承ではカワウソが登場します。ただし地虫やカワウソは糸をたどっていった人間に殺される伝えになっています。しかし、このように三輪山型の婚姻伝承は決して、日本独自のものではないということも知っておいて頂きたいと思います。

## やまとなす大物主

三輪山伝承では大物主神が姿を変えて乙女のところに訪れるわけですが、これに関連して、『日本書紀』崇神天皇七年十二月条に、

この御酒《みき》は我が御酒ならず　倭《やまと》成す大物主の醸《かみ》し御酒　幾久《いくひさ》　幾久

という歌が載っています。

今でも大三輪の神はお酒の神様としても有名ですが、これは『日本書紀』の崇神天皇の巻の伝えに由来します。この歌は三輪の神の神宴の勧酒歌です。「このお酒は私が私的に造ったお酒ではない。倭なす大物主の神がお造りなった大変素晴らしいお酒である。永遠に久しく栄えよ」という歌です。ここで倭成す大物主神と歌われている、倭を造った神、倭の国造りをされた神として大物主神が歌われています。

さて、この奈良県は旧国名では「大和《やまと》」国と書きます。しかし『古事記』、『日本書紀』を見ますと、ヤマトは全部「倭」の字です。「倭《やまと》」か「大倭《やまと》」で表記されています。古代の仮名遣いでは「ト」には甲類と乙類の二種類の「ト」があり発音が異なっていました。九州のヤマトの

「ト」は「戸」、「門」、「外」の甲類の字を書きます。奈良県のヤマトの「ト」は跡、登、等、苔など色々な書き方をしますが甲類は一切使っていません。これには大変意味があると思います。九州のヤマトは山の入り口とか山の囲んでいる外側という意味ですが、畿内のヤマトにはこういう字は全く使っていません。そしてそのヤマトの字には「倭」を使っている。それなら「大和」の字を使いだすのはいつごろからか。それは「養老令《ようろうりょう》」からです。

「養老令」の中で田地のことなどを記した「田令《でんりょう》」にはヤマトは「大和」の文字が使われています。それでは「養老令」がいつできたか。通説は養老二（七一八）年ですが、私はその説はよくないと考えています。

「養老令」の原本は現存せず、写本のみですが、どんな古い写本をみても、養老三年にできた、官僚が笏をもつ官人《かんじん》把笏《はしゃく》の規定が書いてあるのです。

　高松塚古墳の壁画の男性群像、あれは文官像ですが、誰も笏をもっていませんね。ところが、旧一万円札に描かれた聖徳太子、奈良時代に描かれたあの肖像画では笏をもっています。笏を持つようになるのは養老三年以降です。高松塚の男性群像が笏をもっていないのは養老三年以前に描かれているからです。他にも「養老令」の編集に加わった大倭《やまとの》小《こ》東人《あずまんど》の参画は唐から帰った養老三年正月以後であり、「養老令」に八位相当官とされている衛門府医師の創設は養老三年九月、兵衛府医師の設置は同五年六月であることなどの理由によるのですが、現存の「養老令」は養老五年六月以後にできあがったと考えた方がいいと思っています。私の書物では「養老令」の成立を大変あいまいに養老年間と書いているのですが、それはこのような理由によるわけです。

ところがこの「養老令」が実施されたのが天平勝宝九（七五七）年の五月です。八月に年号が変わって天平宝字元年になります。ですから、例えば天平二（七三〇）年の『大倭国正税帳《やまとこくしょうぜいちょう》』、これは正倉院に残っていますが、そこには「大倭」の字を用い「大倭国」の国印がその文書に押してあります。正税帳というのはそれぞれの国の国司が年間の収支を帳簿に記し、政府に提出したものですが、天平二年の『大倭国正税帳』がこの「大倭」の字を書いているのは「養老令」施行以前だからです。

ただし、細かく申しますと、天平九（七三七）年から天平十九年までは、「大倭《やまと》」ではなく、極めて儒教風の徳を養うという意味の文字で「大養徳《やまと》」の字を用いています。しかし天平十九年以降は再び「大倭」の字になる。

天平勝宝九年五月以前は「大倭」で、天平九年十二月十七日から約十年間、天平十九年の三月十六日までは「大養徳」を使っているわけです。

そこで、この「大和」という文字に関してですが、紫式部が『源氏物語』の乙女の巻で「大和魂」という用語を使っています。「大和魂」を我が国の古典で最もはやく確実に使っている最初の人物は紫式部です。大和魂と紫式部とはちょっと結びつかないと思われる方があるかも知れませんが、ここで紫式部が使っている大和魂は、日本人としての教養や判断力を指しています。その文章は光源氏の息子の夕霧の学問のありようをめぐっての文章で、「才《ざえ》を本《もと》としてこそ、大和魂の世に用ひらるる方《かた》も強ふ侍《はべ》らめ」と書いています。これは名言です。この才は漢才《からざえ》で、紫式部が言っているのは、漢詩・漢文を読んだり作ったりする能力、漢籍に関する教養です。言い換えれば渡来の文化、漢才の基礎があってこそ、大和魂はますます強く世の中に働くことになるというのです。これが後に「和魂漢才《わこんかんさい》」という言葉になります。『菅家遺誡《かんけいかい》』や『大鏡』では「和魂漢才」と明記しています。幕末・維新には「和魂洋才《わこんようさい》」でした。今の若者は「洋魂洋才」なんです。和魂はどこかに行ってしまっている。和魂を見失って洋才だけで日本人が国際人として生きていけるはずもないと思うのです。

二〇〇八年は紫式部の「源氏物語千年紀」とされますが、これも『源氏物語』が出来て千年と勘違いしている方があるかもしれません。『源氏物語』はいつ完成したかはまだわかっていません。『紫式部日記』の寛弘五(一〇〇八)年十一月一日の条に自分の書いた『源氏物語』のことに言及していますから、寛弘五年には『源氏物語』が世に存在していたことは間違いない。そこから数えて千年ということで、京都を中心に「源氏物語千年紀」が実施されているわけです。和魂を見失った洋魂洋才になっていたのでは具合が悪い。「和魂」を再発見する千年紀であって欲しいと考えています。

## 『古事記』の神婚譚

話を戻しますが、奈良盆地の「倭《やまと》」をつくられた神が大物主神であると『日本書紀』で歌っていることは大変重要であると思います。

そこで、次に『古事記』の神婚譚を読んでいきたいと思います。

崇神天皇の条ですが、この天皇の代に、疫病がおこって、人々が次々に死んでいった。そのおりに三輪山の大物主神が崇神天皇の夢に現れて託宣され、「是《こ》は我が御心《みこころ》ぞ。故《かれ》、意富多多泥古《おほたたねこ》を以《も》ちて我が御前を祭らしめたまわば、神の気《け》起《おこ》らず、國安らかに平《たひ》らぎなむ」。意富多多泥古という人物を探してきて、自分を祀ったならばこの祟りは止んで、倭《やまと》の国は平らかになると託宣をされた。この意富多多泥古は大神神社の若宮社の祭神で、大神の神を祀られた方です。

この託宣により、崇神天皇が使者を四方につかわして意富多多泥古という人物を求めたところ、河内国の美努村《みぬのむら》にその人を見出したと記されています。河内国には陶邑《すえむら》というところがあり、五世紀に陶器《すえき》を盛んに生産していたところで、延喜式内の陶荒田《すえあらた》神社もあります。

そこで天皇があなたは一体だれの子かと意富多多泥古に尋ねると、自分は陶津耳命《すえつみみのみこと》の女で活玉依毘売をめして生まれた子である。大物主神が活玉依毘売に妻問いして生まれたのが私で、「名は櫛御方命《くしみかたのみこと》の子、飯肩巣見命《いひかたすみのみこと》の子、建甕槌命《たけみかづちのみこと》の子、僕《あれ》意富多多泥古《おほたたねこ》ぞ」と申します。この陶津耳命《すえつみみのみこと》にも陶器《すえき》の「陶」が入っています。焼成度の高い陶器《すえき》の生産は考古学の研究によれば、主として五世紀の段階に始まり、ルーツは明らかに朝鮮半島です。朝鮮で発達した登り窯を用い、弥生土器や土師器《はじ》とちがって硬質の土器を作る。その陶器《すえき》の陶を名前に付けていることに注意して下さい。そして意富多多泥古が三輪の神を祀る話へと続きます。

その後に「天神地祇《あまつかみくにつかみ》の社《やしろ》を定め奉りたまひき」天つ神を祀る社は天つ社、国つ神を祀る社は国つ社という社格を制定されたと書いてある。しかし天つ社、国つ社という社格が明確に作られるのは天武朝からで、ここは後の知識で崇神天皇の代にこと寄せて記していることがわかります。

この意富多多泥古という人が大三輪の大物主神の神子であることがわかったのは、先に述べた活玉依毘売が大変美しい人で、そこへ姿形が非常に整った一人の男性が夜中に妻問いにやって来る。そこでまぐわいをして、「未だ幾時もあらねば」活玉依毘売が妊娠した。そのために父と母とに語るには、姓名もわからないけれども麗しき男性が夜ごとに来てまぐわいをしている間に、子供を妊娠したとあります。その父母が活玉依毘売に教えて、赤い土を床の間にまき散らし、へその糸を針に通してその妻問いする男の衣の裾にさせと。これは先程いいました『三国遺事』の話と同類です。そして明くる朝にみますと、へその糸は鍵の穴から通って三輪山に至っていたという。ここでは三つの輪ではなくて「美しい」に「和」の字で美和山と書いています。そこで三輪山にたどり着いたので、この方は大物主神であるということがわかる。その糸は三勾《みわ》残っていたので、そこの土地を名付けて三輪というふうになったという神婚譚、先程申し上げました苧環《おだまき》型《がた》神婚譚です。

## 『日本書紀』の伝承

今は『古事記』の神婚譚をかえりみましたが、『日本書紀』では内容が異なります。崇神天皇七年条の中に「我《われ》は是《これ》倭《やまと》國《のくに》の域《さかひ》の内《うち》に所居《を》る神、名を大物主神と為《い》ふ」と大物主神が倭《やまと》迹《と》迹《と》日《ひ》百《もも》襲《そ》姫《ひめ》に神憑りしますが、この場合のヤマトも「大和」ではなく「倭」と表記されています。そして同じように大田田根子《おほたたねこ》を探す話になります。夢の中で一人の貴人（大物主神）が『大田田《おほたた》根《ね》子《こ》を以《も》て、大物主大神を祭《ゐやま》ふ主《かむぬし》とし、亦、市磯長尾市《いちしのながをち》を以《も》て、倭大國魂神《やまとのおほくにたまのかみ》を祭《ゐやま》ふ主《かむぬし》としたならば、必ず天下《あめのした》は太平《たひら》ぐであろう』と教えます。そこで大田田根子を探し求めたところが茅《ち》渟県陶邑《ぬのあがたすゑむら》で大田田根子を見つける。ここにははっきり陶邑と書いてあります。現在の大阪府の堺市域で、この大田田根子伝承ができあがる背景は、前述したように少なくとも五世紀以降、須恵器生産が盛んになる時代です。

そしてその後に、三輪山の神婚伝承が物語られます。「是《こ》の後に、倭《やまと》迹《と》迹《と》日《ひ》百《もも》襲《そ》姫《ひめ》命《のみこと》、大物主神の妻《みめ》と為《な》る。然れども其の神晝《ひる》は見えずして、夜のみ来《きた》す。」というように大物主神の妻は倭迹迹日百襲姫になっています。そして、「語りて曰はく、君常に晝《ひる》は見えたまはねば、分明《あきらか》に其の尊顔《みかほ》を視ることを得《え》ず」。昼ではなく夜来られるわけで、お顔をはっきりとみることが出来ない。「願はくば暫《しま》し留りたまへ。明旦《くるつあした》に仰ぎて美麗《うるは》しき威儀《みすがた》を観《み》たてまつらむと欲《おも》ふ」。

そこで大物主神が答えて、いかにももっともである。自分は明日にあなたの櫛をいれる箱の中に入っているから、どうかその櫛箱の中をみて驚かないようにして下さい、と言われたので、明くる朝、櫛の入っている箱をあけると、大変美しい小さな蛇が箱に入っていたと書いてある。ここでは三輪山は御諸山と表記されています。『新撰姓氏録《しんせんしょうじろく》』に真穂御諸山《まほみもろやま》と書いてある神体山ですね。

そして、倭迹迹日百襲姫はびっくりして則ち箸で陰《ほと》を撞《つ》いて亡くなってしまう。そこで大市《おほち》に葬った。その墓を名付けて箸墓と言う。これが現在、大神神社の近くにある箸墓古墳、三世紀後半、一部の研究者は卑弥呼の墓ではないかと言っている有名な箸墓の起源説話にもなっているわけです。

この大市の地名は『和名類聚抄《わみょうるいじゅしょう》』に記されている大市郷で、桜井市の纏向遺跡の奈良時代の遺構から「大市」と墨書した土器が出土しており、弥生時代の物流センターの要素が纏向遺跡にあり、邪馬台国の魏への副使「都市牛利《ごり》」の「都市」は市の管理者の職名であったことも注意しておきたいと思います。大市という地名は古くからあったことをうかがうことができます。

『日本書紀』ではその後に箸墓を作る話が次に書いてあります。これも大変大事な話ですが、この箸墓を作る時に「日《ひる》は人が造り、夜は神が作る」と。そこには古墳の築造に対する古代人の考えが反映されています。昼は多くの人々がでて墓を造り、夜は神がその墓を造られる。そして二上山の北側、大坂山の石を運ぶ、則ち山より墓に至るまでに人々が相並んで、手遞傳《たごし》に運んで造ったという時の人の歌。「大坂に継《つ》ぎ登れる石群《いしむら》を　手遞傳《たごし》に越さば　越しかてむかも」と詠まれています。

これを見ますと『古事記』の活玉依毘売の話と『日本書紀』の倭迹迹日百襲姫の話は結末がまったく違っています。『古事記』では活玉依毘売と大物主神の間に意富多多泥古が生まれ、三輪山の神を祭ることになるわけです。これが三輪山神婚譚の本来の形で、これを私は神人交流型と申しています。ところが『日本書紀』の倭迹迹日百襲姫の話は神人隔絶型です。相手の女性、倭迹迹日百襲姫は亡くなってしまう。

どちらが神婚譚として古いかというと、言うまでもなく、神人交流型が三輪山神婚譚の本来の形ではないかと思います。それが『日本書紀』の倭迹迹日百襲姫の伝承に変化していったことを教えてくれます。

このように考えてまいりますと、日本の昔話の蛇聟入りのルーツはまぎれもなく三輪山の大物主の神婚譚にたどり着きます。そしてその大物主神は三輪山を神奈備山として鎮まり、この倭の国をお造りになった最初の神であるという伝承が、浮かび上がってきます。三輪山の神婚譚はいろいろと語り伝えられていきますが、その最も古い説話のタイプは『古事記』のそれであって、神人交流のタイプの神婚譚である。その伝承が『古事記』に語り伝えられている意味を改めて考えてみる必要があるということを申し添えます。

# 神仏習合史の再検討

## 神雄寺と歌木簡

京都府埋蔵文化財調査研究センターによる木津川市馬場南遺跡の発掘調査は、平成十九（二〇〇七）年の十月からはじまって、「神」・「寺」・「神□寺」などの墨書土器がみつかった。「神□寺」のまん中の字が、「誰」か「護」か、あるいは「雄」か、判読が困難であったが、亀岡の自宅に持参された墨書土器をみた私は「神雄寺」であろうと推定した。翌年の六月四日には、明確に「神雄寺」と書いた墨書土器がみつかり、はっきりと「神雄寺」と記すのが三点、「神雄」四点、「神寺」九点、「神雄」一点、「山寺」一点が出土し、「神□寺」三点、「神雄ヵ寺」・「神ヵ雄寺」・「神寺ヵ」ほか「神□」・「神ヵ□」・「神」・「神ヵ」など多数が検出された。

この墨書土器の中で「神寺」と明記したものがもっとも多いのに、改めて注目する必要がある。なぜなら大分県宇佐市の宇佐八幡宮の神宮寺である弥勒寺を、『日本霊異記』（下巻・第十九話）が「矢羽田（八幡）の大神寺」と表記しているからである。『託宣集』や『宇佐八幡宮建立縁起』によれば、神亀二（七二五）年に弥勒禅定院と薬師勝恩寺の造立が託宣されたという。天平九（七三七）年から翌年にかけて、宇佐八幡宮の神宮寺（弥勒寺）の造営が本格化した。弥勒寺跡から「弥寺」とヘラ書きの土器がみつかっているのも参考になる。

神仏習合の弥勒寺が「大神寺」とよばれているのはけっして偶然ではない。「神雄寺」という寺名ばかりでなく、「神寺」という墨書土器をみたおりから、私は神雄寺を神仏習合の寺であると直感していた。平成二十年の九月二十二日から木津川市の教育委員会が馬場南遺跡のひろがりを確認するための調査を実施し、仏堂・礼堂とみなされる建物遺構を明らかにして、神雄寺のたたずまいがたしかめられた。

そればかりではない。平成二十年の六月二十七日には遺跡の川ぞいから万葉歌木簡が出土して注目をあつめた。歌木簡としては平成十八年に難波宮跡でみつかった「波留久佐乃波斯米之刀斯」（「春草のはじめの年」）が有名だが、その「はじめの年」とは白雉元（六五〇）年の可能性が高い。しかしこの歌木簡は、万葉歌木簡ではない。

いわゆる万葉歌木簡としては平成十五年に奈良県明日香村石神遺跡で出土した木簡五百六十点

のなかにあって、刻字の「阿佐奈伎尓伎也（左）留之良奈你麻久（右）」（「朝なぎにきやるしらなみまく」）。依を也留、弥を你みまくと刻す）の木簡がある。『万葉集』巻七・千三百九十一の「朝なぎにきよる白浪（み）まく」に相当する万葉歌木簡だが、左から右へと刻し、刻字の木簡で歌を唱和した場の木簡とはいえない。しかも出土の後かなり日時が過ぎてから万葉歌木簡であることがたしかめられたため、その出土状況もさだかでない。

滋賀県甲賀市信楽町宮町遺跡（紫香楽宮跡）で平成七（一九九五）年に出土していた木簡のなかに、平成二十年の五月、「阿佐可夜麻加気佐閇美由流夜麻」（「安積山影さえみゆる山」）すなわち『万葉集』巻十一・三千八百四のいわゆる万葉歌の表記のある木簡のあったことが明らかとなった。ただしこの歌木簡の反対側（表側か）には「奈迩波ツ尓佐久夜己能波奈布由己母」（「難波津に咲くやこの花冬ごも」）の『古今和歌集』が百済の王仁博士の歌とする「難波津」の歌が書かれていた。『古今和歌集』の「仮名序」にこの「難波津」の歌と「安積山」の歌を「このふたうた（両歌）は、うたのちゝはゝ（父母）のやうにてぞ、てならふ（手習）人の、はじめにもしゆる」と述べるように、この両首は仮名の続け書きの手習いに用いるのが常であった。「難波津」の歌の用例は、徳島市観音寺遺跡出土の木簡をはじめとして、多くの人びとに親しまれ、木簡十九点・土器十二点・建築部材三点・瓦一一点におよぶ。時代も七世紀後半から十世紀前半までであり、東は越中（富山県）から西は阿波（徳島県）に分布する。『日本書紀』の欽明元年九月の条に「難波祝津《はふりつの》宮《みや》」とあり、また勅使が難波津におもむいて天皇の御衣に大八洲《おおやしま》の御魂を付着する八十島《やそしま》まつりなど、難波津のまつりとの関係もこの数の多さと関連するのではないか。

宮町遺跡のいわゆる万葉歌木簡は厚さわずか一・二ミリの薄さで、しかも出土状況もたしかではなく、歌を唱和した場の木簡ではなく、習書木簡と考えられる。

## 馬場南遺跡の万葉歌木簡

ところが馬場南遺跡の万葉歌木簡は、神雄寺の川ぞいから出土し、出土状況がはっきりしているばかりではなく、歌を唱和した場の木簡であった可能性が高い。

もっとも万葉歌木簡といっても、馬場南遺跡出土の歌木簡の「阿支波支乃之多波毛美智」(「秋萩の下葉もみち」)が『万葉集』巻十・二千二百五「秋萩の下葉もみちぬあらたまの月の経ぬれば風を痛みかも」と一句目が共通であるからというので、ただちに『万葉集』二千二百五番の歌の仮名書き歌木簡であると速断することはできない。なぜなら『万葉集』に収録されなかった類句の歌もあったにちがいないし、同類句の歌が当時の人びとの間で歌われていた可能性もあるからである。ここで万葉歌木簡というのは、厳密には『万葉集』巻十・二千二百五の歌と第一句が共通する歌木簡というべきである。

また歌を唱和した場の木簡というあいまいな表現をしてきたのは、宮中歌会などではなく、神雄寺の法会などの場で唱和された歌ではないかと考えているからである。

木津川市木津町小字糟田を中心とする馬場南遺跡は、平城京の北約五キロの地に位置し、天平十二（七四〇）年の十二月十五日に都となった恭仁京右京の東南鹿背山西道に面する。平城宮から恭仁宮へのルート上に存在するばかりでなく、平城京・恭仁京の外港である木津の港へも近い。発掘調査の結果、第一期（七三〇年代から七六〇年前後）・第二期（七六〇年前後から七八〇年代）と分けて検討されているが、第一期には八千枚以上の煤のついた灯明皿が六箇所に分けて遺棄され、組立式の法会に用いられたと考えられる彩釉山水陶器や祭祀と関連のある墨書人面土器なども出土している。背後の天神山からの谷川と池などにそって遺物が出土し、しかも仏堂や礼堂が造立されていた。

第二期にも燃燈供養が行われたと思われることは、二千枚にのぼる灯明皿が二箇所に分けて遺棄されていることである。この時期に「神雄寺」などと書いた墨書土器が遺棄されている。この寺名は土器の所有寺名か土器施入の寺名かであり、この遺跡の仏堂・礼堂と深く関連すると考えられ、寺の造営は第一期にさかのぼると推定される。

歌木簡は伴出した土器から七七〇年代までに埋没したと想定されており、歌の書かれたのは一回だけで、裏面には判読の難しい文字があって、削って二、三度利用されたと思われる。木簡の使用は七七〇年以前で第一期の可能性がある。

上野誠氏は法会の結願日に燃灯供養が行われ、法会の唱歌の場で歌われた歌木簡ではないかと指摘されているが（「馬場南遺跡出土木簡臆説」、『國學院雑誌』第百十巻第十一号）、示唆にとむ。

天平十一（七三九）年十月の光明皇后宮の『維摩経』の講説を中心とする法会の「仏前唱歌」（『万葉集』巻八・千五百九十四）の左註に「弾琴の市原王・忍坂王」と「歌子の田口朝臣家守・河辺朝臣東人・置始連長谷等十数人」を記すが、その法会の歌の唱和には弾琴などの楽器が用いられ、多数の歌子が参加していた。馬場南遺跡から東大寺正倉院蔵の陶製の鼓と同類の楽器がみつかっているのも興味深い。

## 神仏習合のかたち

神雄寺が「カムノヲデラ」であったことは、伊藤太氏が六つの事例から詳述されているが（「『神雄寺』と木津天神山をめぐるトポス」、『やましろ』二三号）、あわせてその習合のありようが「神社が先にあって神宮寺ができるパターン」でなく、「降雨と治水を司る水源神としての性格に求められ」ている点は興味深い。

この見解とは別に、私自身が監修し専門委員会委員長をつとめた『亀岡市史』の調査の経験から、京都府亀岡市宮前町宮川の神尾（山）寺は、延喜式内社神野神社の神宮寺であり、その信仰の由来は神尾山にあると考えてきた。そして昭和五十九（一九八四）年の七月に島根県斐川町の神庭《かんば》サイダニから銅剣三百五十八本ついで銅鐸六個・銅鉾十六本がみつかり、平成八（一九九六）年の十月に、雲南市加茂町岩倉（現雲南市加茂町）から銅鐸三十九個が出土したおりから、銅鐸の出土地名に「神」や「まつりの「磐座」などがついていることを注目してきた。たとえば銅鐸二十四個が埋納されていた神戸市桜ヶ丘のもとの地名は「神丘（カミカ）」であり、銅鐸出土地の兵庫県夢前町（現姫路市夢前町）のそれは「神種（コウノクザ）」であり、大阪府岸和田市の「神於（カウノ）」であった。岸和田市の標高二百九十六メートルの神於山の南中腹に所在する神於寺も神於山の信仰と深いつながりをもっていた。

従来、神仏習合のタイプについては、①神社の奉斎が仏教の「護法善神」としてその鎮座地に神宮寺が造営される場合、②神社の奉斎神が「神身離脱」の託宣などを告げて神宮寺が建立される場合が研究の対象とされてきたが、馬場南遺跡の神雄寺や神於山の信仰とかかわりをもつ神於寺のように、神社がまずあって神仏習合が具体化するのではない例のあることを軽視するわけにはいかない。

標高九十九・四メートルの天神山からの聖なる谷川の水の流れは、水の祭祀の場ともなったが、天神山じたいが神奈備として信仰され、それを前提として神雄寺が造営されたのではないか。とすれば従来のように、①護法善神のコースや②神身離脱のタイプばかりでなく、③神奈備・磐座・神籬などの信仰をベースとする習合のありようも検討する必要がある。

神仏習合史の研究は古くからあって、とりわけ慶応四(一八六八)年三月の神仏判然(分離)令以後研究が本格化した。そして神宮寺や神前読経あるいは神身離脱の託宣などによる習合など、平安時代の本地垂迹(跡)説にいたるまでのプロセスからさまざまに論じられてきた。

## 神宮寺登場の背景

神宮寺の出現は、神身離脱の託宣などによってはじめて顕在化するのではない。たとえば『日本霊異記』の上巻・第七話には、斉明天皇七(六六一)年八月のころ、百済救援を名目に出兵した倭国軍に参加した備後国三谷郡の郡司(大領)の先祖が、「若し平に還へり来らば、諸神祇の為に伽藍を造立せむ」と誓願し、百済の禅師弘済《ぐさい》と共に無事帰国し、弘済が中心になって三谷寺を造立した説話が載っている。その三谷寺は郡(評)による神のための仏寺であって、「神宮寺」とは記されていないが、神宮寺の事例のひとつである。

神身離脱の託宣によらない神宮寺の早い例としては、福井県越前町劔《つるぎ》神社の神宮寺が注目される。劔神社には神護景雲四(七七〇)年の国宝梵鐘が伝えられており、その梵鐘銘文によって「劔御子寺」という神宮寺が存在していたことがわかる。『新抄格勅符抄《しんしょうきゃくちょくふしょう》』には「天平神護元(七六五)年劔御子神□神封十戸」とあって、「劔御子寺」の創立がかなり早いことを推察させる。劔神社境内から礎石二個がみつかり、その形式が美術史上の白鳳期のものであるばかりでなく、同町織田の小粕窯跡からはやはり白鳳期の軒平瓦・軒丸瓦類が発掘されており、遅くとも八世紀はじめの頃には劔御子寺の存在が推察される。

宇佐八幡宮の弥勒寺については、前に若干言及したが、この神宮寺の出現も、神身離脱の託宣などによるものではない。

『日本書紀』の用明天皇二（五八七）年四月の条に、用明天皇病床のおりに、「豊国法師」が、「内裏」に参内して、病気直しをしたことを記す。わが国の文献における「法師」号の初見記事だが、早くから「豊国」に仏教が伝わっていた状況を反映するエピソードである。

『新撰姓氏録』「和泉国神別」の巫部連《かんなぎべのむらじ》の条には、雄略天皇が病気のさいに「豊国の奇巫」が出仕したとする伝えを収める。そしてこの伝承は『続日本後紀』の承和十二（八四五）年四月の条にもみえる。この「豊国」のシャーマニズムが、朝鮮半島のシャーマニズムとつながりをもっていたことは、宇佐八幡神の祭祀集団に辛島勝《からしまのすぐり》がおり、新羅系の渡来氏族であったのにもうかがわれる。

『続日本紀』の大宝三（七〇三）年の九月二十五日の条には、法蓮の「医術」を評価して、「豊国の野四十町」を施与したとの記事がある。さらに養老五（七二一）年六月三日の詔では沙門法蓮について「心は神伎に住して、行は法梁に居《お》れり、もつとも医術に精《くわ》しくして、民の苦しみを済《すく》ふ」と述べられている。『宇佐八幡宮託宣集』によれば、宇佐君ゆかりの野仲郷（中津市南部）には「三角の池」があって、薬草が「幽深」していたという。大宝三年の九月に法蓮が「田」ではなく「野」を施与されたというのも、仙薬のたぐいの栽培を含む「野」であったかもしれない。法蓮の「医術」には道教的な「仙薬」の要素もあったにちがいない。そして弥勒寺の建立が神亀二（七二七）年からはじまり天平九（七三七）年から翌年にかけてその造営が本格化した。

宇佐八幡宮の神宮寺が、天平十二（七四〇）年の藤原広嗣の乱を契機に具体化したとみるのはあやまりであって、それ以前に弥勒寺は存在していた。神宮寺の例が、いわゆる中央ではなくて、地方において展開したとみなす説が有力だが、その説をそのまま支持するわけにはいかない。

藤原仲麻呂から編纂をゆだねられて、天平宝字四（七六〇）年のころに、延慶《えんけい》が書いた「武智麻呂伝」（『家伝』下）に記す気比神宮寺は、神身離脱の託宣による神宮寺建立の早い例として有名である。それによれば霊亀元（七一五）年、仲麻呂の父であった武智麻呂は近江守であったが、夢のなかでひとりの奇人とあい、「われ宿業《しゅくごう》によりて神となることもとより久し。今仏堂に帰依せむと欲し、福業を修行する因縁を得ず、来りて之を告ぐ」という神の頼みを聞いたと述べられている。そこで武智麻呂は、それが越前（福井県）の気比神《けひのかみ》であることを知り、越前の気比神宮寺を建てたという。この伝承をそのまま史実とみなすわけにはいかない。武智麻呂が近江守であったさいには、越前の地域とも交渉をもっていたと考えられるが、武智麻呂建立と伝える寺が、気比神宮寺になるのは、霊亀年間（七一五～七一七）よりも後のことであった。この説話は、武智麻呂の崇仏を気比神と気比神宮寺に結びつけたものとみなす方がよいだろう。

ところで後述する伊勢国多度神社の神宮寺をはじめとして、いわゆる中央よりも各地域の神宮寺の事例が多いことはたしかだが、神宮寺の造立を中央にたいする各地の動向というような短絡的な見方だけでは充分に説明することはできない。

前に述べた宇佐八幡宮の場合には、藤原広嗣の乱鎮定のあと、地域神から国家神としてあがめられるようになり、律令国家の護法善神としてその習合がいちじるしくなる。

## 護法善神

「護法善神」の神に対する神階昇叙の理由を明白に物語るのは、豊前国の宇佐八幡大神および比《ひ》咩神《めのかみ》への一品および二品の奉授である。豊前の地域に早くから渡来系の信仰と渡来集団が入っていたことは、『豊前国風土記』逸文とされるものに「昔者《むかし》、新羅の国の神、自ら度《わた》り到来《きた》して、此の河原に住みき、すなはち名づけて鹿春《かはる》の神といふ」（田河郡鹿春郷）とみえ（『延喜式』には辛国《からくに》息長大姫大目命《おきながおおひめおおめのみこと》神社、『三代実録』には辛国息長比咩神《からくにおきながひめのかみ》とある）、大宝二（七〇二）年の豊前国戸籍に上《かみつ》三毛《みけ》郡——塔勝・強勝・上屋勝など、仲津《なかつ》郡——丁勝・狭度勝・大屋勝などの居住を記すのにもうかがわれる。

『日本書紀』の垂仁天皇二年是歳の条の分注（「一云《あるにいわく》」）に記す豊国の比売語曾社《ひめこそのやしろ》の伝承も、渡来集団の分布とかかわりをもつし、用明天皇二年四月の条に登場する「豊国法師」(法師号の初見)の豊国も、豊の国に仏教が早く伝来したことと関係があろう。宇佐の地域に新羅系仏教の入っていたことは、新羅古瓦が多数出土するのにも察知されるが、『新撰姓氏録』(和泉国神別)には、雄略朝にかけて「豊国奇巫」が「召上」られ、真椋《まくら》が巫を率いて仕え奉ったとする興味ある説話をのせている。

宇佐八幡神が国家の守り神として脚光をあびるのは、天平十二(七四八)年の藤原広嗣の乱のおりであった。広嗣の乱を鎮定するために北部九州におもむいた大将軍大野東人《あずまひと》は、同年十月その戦勝を宇佐八幡神に祈願し、戦いに勝利した政府は翌年閏三月、秘錦冠《ひこんのかん》一頭、金字最勝王経・法華経各一部、度者《どしゃ》十人、封戸《ふこ》馬五疋を奉り、三重塔一区を造らしめた。宇佐八幡神における神仏の習合はこの時にはじまったというより、前述のような豊の国における渡来系の信仰や渡来集団とのまじわりのなかで、すでに習合が進行しており、天平十三年にいっそう進んだとみなすほうが自然であろう。

『東大寺要録』(巻四)によれば、弘仁六(八一五)年の十二月十日の解に、天平三年に「神験」を「陳顕」して、官幣に預かったとあり、さらに天平十八年「天皇不予、禱祈験あり、すなはち三位に叙す、封四百戸度僧五十口水田廿町」であったと引用する。

この所伝が正しいとするなら、宇佐八幡神は天平勝宝元(七四九)年以前に神階を贈られていたことになる。しかし天平十八年「天皇不予」とあるのは、天平十七年の誤記であり、「三位」が正・従のいずれであったかも明記していない。確証がないのでどこまで信頼しうるか、なお疑問であるが、天平十七年の七月か八月前後に作成されたと考えられる「正倉院文書」の「種々収納銭注文」に「三百七十文八幡太神奉納米運巧残」とあって、金光明寺（東大寺）の大仏造立に八幡神が関係していたと推定されるので、そのころ神階が奉授されたとみなしてよいであろう。したがって当時、すでに「護法善神」としての神への贈位はあった。

宇佐八幡神とその比咩神の一品・二品という品位が奉授されたのは、東大寺大仏建立に協力する宇佐神職団を媒体にした「神、我、天神地祇を率ゐ、いざなひて必ず成し奉らむ、事立つにあらず、銅《あかがね》の湯を水となし、我身を草木土に交へて、障《さわ》る事なくなさむ」との神託を奉じて入京したことによる。そこには八幡神の最高巫女杜女《もりめ》、主神司田麻呂らの画策があったが、天平勝宝元年十二月丁亥、東大寺で礼仏読経があり、大唐・渤海・呉楽《くれのがく》、五節田儛《ごせちたまい》、久米儛《くめまい》の奏があって、大神に一品、比咩神に二品が贈られた。

宇佐八幡神の神格と大仏造営のかかわりについては、多くの人びとによって論じられているが、「仏教との深い関連のもとに成立した護国神」とする考えが有力である。八幡神に贈られた神階が一品・二品という品位であったのはなぜか。品位を奉授された神階例は、淡路の伊佐奈岐命《いざなきのみこと》（天安三（八五九）年正月）、備中の吉備津彦命《きびつひこ》（仁寿二（八五二）年二月四品、天安元（八五七）年六月三品、天安三年正月二品、天慶三（九四〇）年二月一品）のほかにはあまりない。品位は親王に対する位であった。この点についての説得力ある見解は、奈良時代においては、「八幡大神＝誉田《ほむた》皇子という神格」が意識されていたと考えられる。

律令制における伊勢神宮は「私幣禁断」とされ、皇太子・三后といえども奉幣には許可を要するという。まさに国家神であったが、その伊勢神宮にも神宮寺は存在した。それは『続日本紀』の天平神護二（七六六）年七月二十二日の条に「使を遣はして、丈六の仏像を伊勢大神宮寺に造らしむ」とあるのにも明らかである。天平神護二年までに、伊勢神宮の神宮寺が存在したことはたしかであった。

それならいつごろ伊勢神宮の神宮寺が創建されたのであろうか。『太神宮諸雑事記』には、天平十四（七四二）年の十一月に橘諸兄が伊勢神宮に参入して、聖武天皇の御願寺《ごがんじ》（のちの東大寺）の建立成就を祈願したとみえている。おそらく天平年間に伊勢の神宮寺が造営されたのであろう。

そして宝亀三（七七二）年の八月六日には暴風雨があって、これを卜《うら》なったところ、「伊勢の月《つき》読《よみ》神のたたり」と判明し、毎年九月には、荒祭《あらまつり》神に準じて、馬を奉献することになり、また度会《わたらい》郡の神宮寺を飯高《いいだか》郡の渡瀬《わたらせ》山房に移建することとなった（『続日本紀』）。

伊勢の月読神とは、伊勢神宮の別宮月読宮の神であり、ここでは月読神がたたりする神として登場する点もみのがせない（荒祭神は別宮第一の荒祭宮の神である）。さらに宝亀十一（七八〇）年の二月一日には、神祇官から「先に祟りあるがために、他処《よそ》に遷し建つ。しかるに今、神郡（度会郡）に近くして、その祟りいまだやまず、飯野郡を除くの外、便地に移し造らむ」との言上があって許可されている（『続日本紀』）。伊勢の神郡は、度会郡と多気郡であり、飯野郡はもと多気郡の一部を分割した郡で、寛平九（八九七）年の九月には神郡となっている（『類聚三代格』）。

ここで注意すべきことは少なくとも三つある。①伊勢神宮にも神宮寺が存在し、②伊勢の月読神がたたりする神として現れ、③しかも宝亀三年のころから早くも、伊勢神宮と神宮寺が分離されていったことである。

したがって延暦二十三（八〇四）年の八月にまとめられた『皇大神宮儀式帳』の「種々の事忌《いみ》定《さだめ》」のなかで仏教関係の用語はタブーとされ、たとえば仏を中子《なかご》、経を曽目加弥《そめかみ》、塔を阿良良《あらら》支《き》、法師を髪長《かみなが》、寺を瓦葺《かわらぶき》などとよぶことにした。

## 東アジアのなかの習合

神仏習合の研究は、インド・中国・朝鮮とのかかわりのなかでも検討されてきた。私もまた、『神道と東アジアの世界』（徳間書店）や『古代伝承史の研究』（塙書房）などでそのありようを考察してきた。そのおよそをかえりみると、無意識的な習合もあれば、より積極的な習合も存在したことがわかる。

そもそも質を異にする二つ以上の宗教がふれあうことによって生じる意識的・無意識的な融合現象を、宗教学ではシンクレティズム syncretism とよんでいる。この言葉はギリシアのプルタルコス Plutarchos が造語したといわれているが、日本においては、山岳信仰と密教・道教を融合した修験道や真言密教と神道が結びついた両部《りょうぶ》神道などは、意識的なシンクレティズムとして具体化した宗教であり、日本の宗教史の基層に根強く生きつづけた神仏習合などのありようは、無意識的なシンクレティズムということができよう。

シンクレティズムは世界各地の宗教史にみいだされるところであって、けっして日本のみの融合現象ではない。中国の仏教史にあっては、道教を篤信し、あるいは儒教を重視した立場から仏教を弾圧した、北魏の太武帝・北周の武帝・唐の武宗・後周の世宗によるいわゆる三武一宗《さんぶいっそう》の法難などもあったが、たとえば唐の皇帝の多くが道教を仏教よりも優先した道先仏後《どうせんぶつご》、時にその逆の仏先道後の宗教政策をとったように、仏教と道教があわせて信仰された例は少なくない。そして中国でも仏教を受容して、道教と仏教が実際に習合した。漢訳仏典のなかに仏教受容以前に存在した道教の影響があったばかりでなく、東晋の時代には老荘思想によって仏教の理解をしようとする「格義仏教《かくぎぶっきょう》」が流行した。格義というのは「経中の事数を外書に擬配し、生解の例となす」(『梁伝』法雅伝)たぐいであった。

朝鮮半島においても、儒教・仏教・道教の習合が展開した。たとえば『三国史記』が、高句麗の故国壌王九（三九二）年三月の条に「仏法を崇信して福を求む」ことにあわせて、「有司に命じて、国社を立て、宗廟を修む」と記すように、仏教と儒教があわせて重視された。また『三国遺事』が新羅の真興王の信仰にかんして、崇仏者であって同時に「神仏を尚《たっと》ぶ」と書きとどめるごとく、仏教と道教が融合していた。朝鮮民主主義人民共和国の南浦市徳興里で検出された壁画古墳は、その墨書墓誌銘によって、高句麗の永楽十八（四〇八）年の築造であることがたしかとなったが、被葬者「鎮」は「釈迦文仏（釈迦牟尼）弟子」と明記され、仏教の七宝行事の壁画のみならず、牽牛・織女のほか仙人や玉女が描かれていた（人物の墨書で明確となる）。徳興里古墳の壁画は、仏教と道教の信仰が重なりあっての人物・風俗画になっている。

わが国の場合のシンクレティズムは、東アジアのなかでもとりわけ顕著であった。『神と仏の古代史』（吉川弘文館）でも言及したように、『日本書紀』の欽明天皇十三（五五二）年十月の条には、「仏」を「蕃神」、敏達天皇十四（五八五）年三月の条には「仏神」と書く。そして天平十九（七四七）年の『元興寺伽藍縁起幷流記資材帳』には「仏」を「他国神」・「仏神」と表現し、わが国最古の現伝仏教説話集といってよい『日本霊異記』では、「仏像」を「隣国の客神」と記載した。

仏教受容のそのおりから、仏あるいは仏像は、来訪する「まれびと」（客神）と受けとめられていた要素がきわめて強い。

中国においても、たとえば『後漢書』（巻四十二・光武十三列伝第三十二）の楚王英伝に、仏が外国の神とうけとめられているような状況があった。それが神身離脱・護法善神の信仰へと展開するのは、仏教が儒教や道教を圧倒しはじめた東晋期であったことが、北條勝貴氏によって論究されている（「東晋期中国江南における〈神仏習合〉言説の成立」、根本・宮城編『奈良仏教の地方的展開』所収、岩田書院）。

神身離脱信仰のルーツがインド・ガンダーラでさかんに造形化された「帝釈窟説法」あるいは日本よりはさきに中国で具体化していたことを寺川真知夫氏の「神身離脱を願う神の伝承」（『仏教文学』十八）や吉田一彦氏の「多度神宮寺と神仏習合」（梅村喬編『古代王権と交流』四、所収、名著出版）などが明らかにしている。

もっとも護法善神と神身離脱の信仰は別系統ではなく、その底流には共通の要素があったが、その具体化にあっては、神を肯定しての習合と神の変身を期待しての習合の差異があったことは否定できない。

神仏習合の思想あるいは信仰が中国から伝来したとする立場からその伝達者として養老二（七一八）年に唐から帰国した道慈、さらに苦難をのりこえて天平勝宝六（七五四）年の二月に平城京に入った唐の高僧鑑真とその一門の役割に注目する長坂一郎氏「日本仏教における神仏習合の伝播について」（『日本宗教文化史研究』第八巻第二号）のような論究もある。

宝亀十一（七八〇）年の十一月、伊勢国の多度神宮寺の私度僧四人を得度させ、ついで三重塔を完成させた賢璟《けんけい》が、天平勝宝六年に難波で鑑真一行を迎え、翌年には鑑真和上から具足戒を受けているのが注目される。そして唐招提寺の戒壇ができたおりの呪願《じゅがん》をつとめ、さらに大蔵経四千巻を書写して唐招提寺に納めている。

多度神宮寺のなりたちについては、延暦二十（八〇一）年の十二月二日に、桑名郡多度寺鎮三綱から伊勢国師・尾張国師・僧綱所に提出された『多度神宮寺伽藍縁起并資材帳』が詳しい。天平宝字七（七六三）年の十二月二十日、多度神社の井於《いお》道場で丈六の阿弥陀仏を造っていた遊行僧の満願禅師は、多度の神「吾れ久劫《きゅうごう》を経て、重き罪業をなし、神道の報を受く。いま冀《こいねがは》くば永く神身を離れむがために、三宝に帰依せむと欲す」の託宣を聞いて、多度の神の鎮座する多度山の南辺を伐りはらい、小堂を建てて、神の御像を造って安置し、多度大菩薩と名づけたと述べる。

ついで桑名郡の郡司（主帳）水取月足が銅の鐘を鋳造し、あわせて鐘の台を寄進し、美濃国の在地の豪族近士《ちかし》県主《あがたぬし》新麿が三重塔の建立に着手したが未完成であった。そして宝亀十一年の十一月十三日に朝廷が多度神宮寺の私度僧四人を得度させ、ついで大僧都賢璟が三重塔を完成させたという。

多度神宮寺の造立は遊行僧満願によってはじまり、桑名郡や美濃の在地豪族の願望をうけて、

「吏民快楽」のための「神身離脱」の託宣を現実化する（上田正昭『大仏開眼』文英堂）。満願禅師は常陸国鹿島大神の願いをうけて鹿島神宮寺を造営し、また箱根三所権現を建立したと伝える。さらに天応元（七八一）年の十二月、私度僧法教が伊勢・美濃・尾張・志摩の同俗知識らを引導し、法堂・僧坊・大衆湯屋を造立したという。

多度神宮寺の実現に遊行僧や私度僧が大きな役割を果したことは、その『縁起』にも明らかだが、大僧都賢璟は朝廷の側から多度神宮寺とかかわりをもったことをみのがせない。

賢璟は尾張国愛智郡の渡来系氏族荒田井直氏の出身であり、元興寺の僧となり、宝亀五（七七四）年の二月には律師、宝亀十一年には大僧都となっていた。遊行僧満願が郡大領中臣連千徳や鹿島神宮の中臣鹿島大連大宗らをまきこんで鹿島神宮寺を造立し、また多度神宮寺の造営に伊勢や美濃の豪族が参加するという神祇官による神祇の統制からの離反の動き、それを朝廷が多度神宮寺の私度僧の得度を認め、さらに大僧都が「神身離脱」による多度神宮寺の三重塔を完成させるという状況は朝廷（王権）が神宮寺を公認したことを意味するものでもあった（義江彰夫『神仏習合』岩波新書）。「神身離脱」の思想は中国の『高僧伝』・『続高僧伝』などにもみえているが、鑑真の教えをうけた大僧都賢璟の多度神宮寺三重塔への関与は適任であったといえるかもしれない。

なお、賢璟と桓武朝廷とのゆかりは深く、山部親王（のちの桓武天皇）が病気になったおりに大和国室生の山中で延寿法によって平癒を祈った浄行僧のひとりが賢璟であり、室生寺も賢璟が建立したという（『大和国解』）。さらに延暦十二（七九三）年の一月十五日に葛野郡宇多村（平安新京の地）を藤原小黒麻呂らと共に視察させたメンバーの中に賢璟も加わっていた（『元亨釋書』・『濫《らん》觴抄《しょうしょう》』）。

そして多度神宮寺は最澄の延暦寺ができると延暦寺の別院となり、空海の東寺が有力化すると東寺の別院となるというように仏教界の動きにあざやかに対応した。

神身離脱の託宣による神宮寺の成立として有名な例に、若狭国（福井県）の若狭比古《わかさひこ》神の伝承がある。若狭国遠敷郡《おにゅうぐん》の若狭比古神は、養老年中（七一七〜七二四）に「吾神身をうけて苦悩はなはだ深し、仏法に帰依して神道をまぬがれむことを思ふ」との託宣をだしたという。この神身を脱却して仏法に帰依しようとする神の願いは、菅原道真の編集になる『類聚国史』にみえる。天長六（八二九）年のころ、この社の神主であった和朝臣宅継《やまとのあそんやかつぐ》の家に伝えられていた説話である。それがはたして養老年間のことであったかどうかは問題だが、東大寺とのつながりをもつようになったこの地域の有力神の、仏との習合が神身離脱の神託を契機にしている伝承は注目すべき内容をふくんでいる。

若狭国の遠敷《おにゅう》郡といえば、われわれはすぐに、東大寺二月堂で毎年おごそかに執行されるお水取り、つまり修二会《しゅにえ》を思いだす。寒い夜空のなかで、二月堂の傍の若狭井《わかさい》より香水《こうずい》が汲みとられるわけだが、この若狭井の伝説には、法会に遅れた遠敷明神が若狭国の閼伽《あか》の水を献じたといういわれがまつわっている。実際に現在でも、遠敷川の上流鵜《う》の瀬《せ》からのお水送りの行事がつづけられており、三月二日の夕刻からは、若狭比古神の神身離脱とゆかりの深い小浜市神宮寺の本堂前で大護摩《ごま》が焚かれる。

お水取りは、実忠《じっちゅう》和尚《わじょう》によって天平勝宝四（七五二）年にはじめられたというが、その実忠和尚はこの神宮寺のところに居住したとする伝えもある。若狭比古神の苦悩の神託の背後には、この地の霊威神が在地の信仰集団のあらたな神力への期待によって、神から仏へと昇華してゆく歩みをたくみに組織していった力の所在を教える。

こうした「神身離脱」の例とは裏腹に、神が神身離脱できなかった伝承もある。それは『日本霊異記』下巻・第二十四話の陁我《たか》（多賀）の大神（近江国野洲郡の三上の大神と混同か）が猴《さる》の身をうけて神となった因縁を説き、大安寺の僧恵勝に、「斯の身を脱れむがために、この堂に居住して、我がために法華経を読め」と告げる。供養の料に、この村の籾《もみ》をあてよというが、猴の身の神は、神主が神戸（神へ朝廷が与えた食封の戸）を自分の私物としており手をつけることができないという。そこで供養がなければ神前読経はできないといい、山階寺（興福寺）の満願大法師に猴の頼んだ言葉をとりついだ。これは猴の言葉で信じられないと引き受けることを拒否した。ところがそのために、大堂が倒れ、僧坊や仏像が皆折れくだけたというのである。これは神身離脱が失敗に終った興味深い説話である。満願大法師は恵勝と相談して、神の願った『六巻抄』を神前読経し、さらに七間の堂を造立したと伝える。三上祝《みかみのはふり》がまつる神を大安寺や興福寺の僧も神身離脱しえなかったという貴重なエピソードである。神仏習合のプロセスを一元的にかたづけるわけにはいかない。

## 霊木から仏像へ

聖なる樹木をみだりに伐採すればたたりがあるという信仰は、古代のさまざまな伝承にも如実に物語られている。『日本書紀』の推古天皇二十六年是歳の条には、河辺臣が安芸国に遣わされて船を造る時に、時の人が「霹靂《かんとき》の木なり、伐るべからず」というのをふりきって、「それ雷の神と雖も、きみの命《みこと》に逆《さか》はむや」として伐る説話が載っている。雷神の木をみだりに切ることを畏怖したさまが反映されている。

『日本書紀』の孝徳天皇即位前紀に、孝徳天皇が「神道を軽《あなづ》りたまふ」例として「生国魂社の樹を斮《き》りたまふ類《たぐい》是なり」と註記している。おそらく難波宮の造営のさいに、生国魂社の聖なる樹木を伐って用材としたことを指したものであろう。こうした例はほかにもあって、『日本書紀』の斉明天皇七年五月の条には、天皇が「朝倉社の木を斮り除《はら》ひて、此の宮を作る故に、神忿《いか》りて殿を壊《こほ》つ。亦、宮の中に鬼火見《あらわ》れぬ」ありさまとなったことを物語る。そしてついには朝倉山の上に鬼が現れ、「大笠を着て、（天皇の）喪の儀を臨《のぞ》み視る」ことにもなる。

聖なる神木を伐採しておこるわざわいの伝承はあまた語りつがれている。たとえば『大安寺縁起』に、大安寺の前身ともいうべき百済大寺を造営したおり（欽明天皇十一年）、「子部社《こべのやしろ》を切り排《はら》ひて、寺家を院《かこ》ひ、九重塔を建て」たところ、「社の神怒りて火を尖《はな》ち、九重塔並びに金堂の石鵄尾《いししび》を焼損したと伝へたり」、また『続日本紀』の宝亀三（七七二）年四月二十六日の条に「西大寺の西塔震《ない》す。之を卜《ぼく》するに、近江国滋賀郡の小野社の木を採《と》りて塔を構ふ、祟りとなす」と述べられたりしている等は、そうした動向を反映する。

『類聚国史』（巻三十四・帝王十四）には、天長三（八二六）年の十二月三十一日から淳和天皇が病に臥したことを記し、天長四年の一月十九日には、稲荷神社の樹を伐って東寺の塔に用いたことによる不豫であることを「稲荷神前尓申給閉止申佐久」の詔が載っている。これもまた聖なる神木の伐採によるわざわいの伝えである。

「霊木に出現する仏」については井上正氏の詳細な研究があるが（『民衆生活の日本史』所収、思文閣）、「神仏習合の精神と造形」（『図説日本の仏教』所収、新潮社）のなかで、『広隆寺來由記』のなかの「檀仏薬師」について、神の依り給うた神木（神籬）から薬師仏が造られ、まず乙訓社（向日市）に安置され、神が仏のかたちをとって現れた権現（薬師仏）とされ、その薬師仏が他に移されても本地の神は現地でまつられるさまを指摘されている。

実際に霊木を仏像にした顕著な例は数多くあって、茨城県八郷町西光院の高さ五メートルをこえる十一面観音立像（立木仏）のように台座をつくらず自然木の根幹をそのままにするようなみ仏もある。霊木を仏像とする伝承は、大和国長谷寺の『縁起』に、流れついた霊木を十一面観音とし、また徳島県志度町の志度寺の『縁起』では、志度浦に流れついた霊木を不思議な童子の力を借りて十一面観音に刻んで小堂に安置し、兵庫県豊岡市城崎町の温泉寺の『縁起』に、長谷寺と「同じ御素木」が流れついて、十一面観音像を造り、流れついた浦を観音浦とよぶようになったとするように各地にひろがる。

こうした流れ寄る霊木から仏を造る説話は、古代の文献にかなりある。たとえば『日本書紀』の欽明天皇十四年五月の条に記載する茅渟海《ちぬのうみ》（和泉灘）に寄り来った霊木（樟木《くすのき》）の伝承、あるいは『日本霊異記』上巻・第五話の「三宝を信敬し現報を得る縁《えにし》」に述べる、高脚浜《たかあし》（高師浜、堺市浜寺の海岸）に寄りついた霊木の伝承などがそうである。

両書の伝えには、吉野寺（比蘇寺）の仏像由来譚の要素が濃厚である。しかしその内容は両書でかなり異なっている。その主な相違点を列挙すると、およそつぎのようになろう。

①『日本書紀』は霊木の寄り来った時を欽明天皇の代とするのに、『日本霊異記』は敏達天皇の代のできごととし、②『書紀』は蘇我氏と物部氏とのいわゆる崇仏・排仏の論争と関連なく記述するのに、『霊異記』はその論争に仮託しての説話として物語られる。③霊木の漂着する場所を『書紀』が茅渟海とするのを、『霊異記』はより具体的に高脚浜とし、④霊木を探しあてた人

物を、『書紀』が欽明天皇の命令をうけた溝辺直《みぞべのあたい》であったとするのに、『霊異記』は敏達天皇の皇后（豊御飯炊屋大后、後の推古天皇）の命令による大部《おおともの》（大伴）屋栖野古《やすのこ》であったとする。

⑤霊木で仏像（『書紀』は二体・『霊異記』は三体）を造ったのを、『書紀』では抽象的に「画工」とするが、『霊異記』は池辺直氷田《ひた》であったと記す。⑥『書紀』には大部屋栖野古は全く登場せず、物部守屋の排仏の進言に対して皇后が屋栖野古に「とく此の仏の像を隠せ」と命じたという『霊異記』のようなエピソードも皆無である。『書紀』はこの霊木の漂着を「河内国」の言上として書きとどめているが、『霊異記』は屋栖野古の崇仏霊験譚として物語っており、屋栖野古が聖徳太子の「侍者」になったことも付記している。

海中で仏光・仏像を得た説話は、梁の『高僧伝』などにもあって、けっして我が国独自の伝承ではないけれども、『日本霊異記』がこの説話を「本記を案《かんが》ふるに」と、大伴氏の家伝の類によって記録したと記す点は、改めて注意する必要がある。仏教の伝来をめぐって大伴氏が物部氏と異なる崇仏の態度をとったとする『霊異記』の伝承じたいが興味深い。

そして物部守屋が屋栖野古にその霊木で造った仏像を「すみやかに豊国に流せ」と命じたという『日本霊異記』の所伝もみのがせない。「豊国」とは後の豊前・豊後の国であり、奈良盆地のヤマトの国へ仏教が伝来する以前に仏教が受容されていたことは、たとえば満月寺の開基伝承からも推察される。そして『続日本紀』の大宝三（七〇三）年九月の条や養老五（七二一）年六月の条に述べるように、「豊国」は宇佐八幡の神をまつる祭祀グループのひとつの宇佐君につながる僧法蓮が活躍した地域であった。

流れ寄る霊木が神としてまつられる伝承は、たとえば姫路市白浜町に鎮座する松原八幡宮の『由緒』にもみいだされる。社伝によれば天平宝字七（七六三）年の四月十一日に、宇佐八幡宮の分霊を勧請したのが造営のはじまりとされているが、その勧請の前提には妻鹿の漁師久津里《くつり》（倶釣）が海中から霊木を拾いあげて祀ったという伝承がある。恋の浦に夜ごと光るものがあったが、それが「八幡大菩薩」の霊木であったという。

霊木から神像を造った例もかなりある。秋田県湯沢市の白山神社の女神像は立木の根幹をそのままとしたみごとな神像であり、また霊木を用いて幹の反《そ》りにしたがって上半身がまがり、背面の一部には樹皮がそのまま残っている山梨県御坂町美和神社の男神立像などは従来から知られている神像である。

標高四六七メートルの奈良県桜井市の三輪山は、真穂御諸山とあおがれた神奈備であり、三輪山そのものが大神《おおみわ》神社の神体山である。この神奈備の信仰を前提として、神宮寺（大神寺《おおみわでら》）ができる。

木津川市馬場南遺跡もまた天神山を神奈備とする水のまつりの伝統をうけて神雄寺が成立する。神から仏への、古代の日本における神仏習合史にも、あらたな問題を提議する発掘成果であった。

# 丹波の古社　出雲大神宮

## 名神大社

京都府亀岡市千歳町出雲に鎮座する丹波一之宮出雲大神宮は、延喜五（九〇五）年から編纂がはじまって、延長五（九二七）年に完成した『延喜式《えんぎしき》』五十巻の中の、巻第九と巻第十に記載する古社、そのなかの式内名神大社であった。

そもそも丹波国は山陰道七カ国のひとつで、都からの山陰道最初の国が丹波であった。しかし、和銅六（七一三）年の四月三日には、この大国丹波国の北部五郡（加佐・与佐・丹波・竹野・熊野の五郡）を分割して、あらたに丹後国が設置された。律令制下では、丹波国は大・上・中・下の国の等級のなかの、六郡からなる上国とされ、丹後国は五郡で中国となった。したがって山陰道は七カ国から八カ国となり、丹波・丹後・但馬・因幡・伯耆・出雲・石見・隠岐の国々で構成されることになる。

この丹後国の式内社は桑田郡の十九座をトップに氷上郡十七座・何鹿郡十二座・船井郡十座・多紀郡九座・天田郡四座という社数の順になる。『延喜式』所収の神社すなわち式内社は、丹波国内では桑田郡内の数がもっとも多い。しかも桑田郡のなかで格式の高い「名神大社」とされたのは、桑田郡内筆頭の出雲神社と小川月神社である。

小川月神社の後のたたずまいは、亀岡市千代川町小川宮ノ本に鎮座する小川月読神社である。かつては丹波二之宮とされていたが、今は小川郷の産土神となっている。出雲大神宮はまぎれもない延喜式内の名神大社として現在におよぶ。

桑田郡十九座の式内社のうち十八座がすべて亀岡市域に所在し、山国神社のみが、京都市右京区京北町内に位置する。これらの式内社の神格を大別するとおよそ、（1）出雲系（2）ヤマト朝廷系（3）松尾大社系（4）賀茂社系にわけることができる。

古代の山陰道について、奈良時代までの古山陰道は、馬堀付近で大堰川（保津川）を渡り、保津から北北西を進んで池尻付近に至るルートをたどった。大堰川を渡ることなく、亀岡市街北西端から西の方へと進み、湯の花を通って天引峠《あまびき》へと向かうようになったのは、平安時代になってからの山陰道である。

山城国愛宕郡の神亀三（七二六）年の『出雲郷雲上里・雲下郷計帳』によって、京都盆地の加茂川上流（出雲路橋周辺）の出雲人を中心とする集落のありようがうかがわれるが、この出雲郷と出雲大神宮との史脈も、古山陰道によってつながる。

大堰川（保津川）の水運の便ばかりでなく、古山陰道の要衝の地に位置して、しかも円錐形の壮麗な御蔭山《みかげやま》（御影山）を神奈備《かんなび》（神体山）とする出雲大神宮の信仰の由来は、奈良・平安時代よりも古い。神体山としての神奈備と聖なる岩石の磐座《いわくら》、そして神水をあがめた古代びとの信仰が前提となって、和銅二（七〇九）年の社殿が創建されたと伝える。その社殿創建のいにしえから数えて、平成二十一（二〇〇九）年が出雲大神宮の造営千三百年であった。

## 創建千三百年の古社

亀岡市内の古社のなかには、出雲大神宮のほか和銅年間創建と伝える古社がかなりある。式内社では和銅元（七〇八）年の曽我部町穴太宮垣内に鎮座する小幡《おばた》神社、和銅二年の篠田野町佐伯垣内亦の篠田野神社、同年の上矢田町の鍬山神社、和銅三年の大井町の大井神社、和銅四年の余部《あまるべ》町の走田《はせだ》神社がある。

式内社以外では、社伝によれば和銅二年の旭町の梅田神社、下矢田町の磐栄《いわさか》稲荷神社、保津町の請田《うけた》神社、西別院町の多吉《たき》神社、そして和銅三年の東別院町の鎌倉神社と西別院町の大宮神社というように、出雲大神宮とあわせると、その数はなんと十二社におよぶ。
なぜこのように和銅元年から和銅四年にかけての創建と伝える古社が亀岡市内に多いのであろうか。その背景として考えられるひとつは、和銅元年の三月に丹波守となった大神《おおみわの》朝臣《あそみ》狛麻呂《こまろ》の存在である。大神氏は大和国の三輪に鎮座する（桜井市三輪）古社大神《おおみわ》神社の祭祀グループの大三輪君《おおみわのきみ》の一族であった。壬申の乱（六七二）の功臣で持統天皇六（六九二）年の二月に、持統天皇の伊勢行幸のおり、農事を防げるからとその中止を上表諫言した有名な大神朝臣高市麻呂《たけちまろ》は狛麻呂の実兄である。ちなみに大神君が大神朝臣へと改姓したのは、天武天皇十三（六八四）年の十一月であった。

大神朝臣狛麻呂は慶雲元（七〇四）年の正月に正六位上から従五位下に進み、和銅四年四月には正五位下へと昇進、さらに霊亀元（七一五）年四月には正五位上を贈られている。国守狛麻呂は丹波守として善政を行い、敬神崇祖の実をあげた。そして霊亀元年の五月には丹波守から武蔵守へと転任したが、彼の在任中の和銅年間に、桑田郡内の古社の創建が集中しているのは、大神朝臣狛麻呂の敬神崇祖の行政とのかかわりあいが注目される。

とりわけ出雲大神宮の社殿造営は、大神（大三輪）氏が、三輪山を神奈備とし、大物主神（大国主命）を主神とする大神神社のまつりときわめて深いつながりをもっていたことが関係すると思われる。

## 神威の展開

一之宮の制度のなりたちについては諸説があるけれども、平安時代前期のころにその内実がととのい、平安時代中期から鎌倉時代にかけて国々の一之宮が具体化したとみるのが妥当である。嘉承年間（一一〇六—〇八）の後のころにできあがった『今昔物語集』には周防国の一之宮玉祖《たまのおや》大明神が登場する。

丹波国一之宮出雲神社に、はじめて神階従五位下が贈られたのは承和十二（八四五）年の十月であった。わが国で神階昇叙が史料でたしかめられる最初の例は、天平三（七三一）年十二月の越前国気比神への従三位である（『新鈔格勅符抄』大同元年牒）。神階でもっとも有名なのは正一位稲荷大明神で、天長四（八二七）年はじめて従五位下を贈られ、正一位に昇進したのは天慶五（九四二）年であった。

出雲大神宮の神階は貞観十四（八七二）年十一月に従四位上となり、元慶四（八八〇）年六月に正四位下、延喜十（九一〇）年六月に正四位上、そして正応五（一二九二）年十二月には正一位へと昇叙された。

こうした朝野の信仰を背景に、神威はますます高まったが、吉田兼好が『徒然草』第二百三十六段に述べる「丹波に出雲と云（ふ）所あり、大社をうつして、めでたくつくれり」のエピソードは人口に膾炙《かいしゃ》している。聖海《しょうかい》上人が多くの人びとをさそって「出雲をがみ」にでかけたおりの話である。そこに「おのおの拝みて、ゆゆしく（非常に）信おこしたり（信仰心がたかまった）」と記されているのもみのがせない。

「御前なる獅子・狛犬・背《そむ》きて（背中を向けあって）、後《うしろ》さまに立ちたりければ」、聖海上人いたく感じいって、「あなめでたや。この獅子（狛犬）のたちやう、いとめづらし、ふかき故あらん」と涙ぐむ。物知りそうな顔をした神官にたずねると、「さがなきわらべどもの仕りける（いたずら好きの子どもたちのいたしました）奇怪《きかい》に候ことなり（まことにけしからんことです）」といって、狛犬をすえなおして立ち去ったので、「上人の感涙《かんるい》いたずらになりにけり」というくだりである。ほほえましい出雲大神宮のありし日を物語る。

出雲大神宮の特殊神事としては毎年一月十五日の粥占祭《よねうらさい》のほか四月十八日の花祭（鎮花祭）と出雲風流《ふりゅう》花踊りである。その出雲風流花踊りの初見は『左経記』の万寿二（一〇二五）年七月一日の条で、雨乞いのための大般若経の転読もなされていたことがわかる。長禄三（一四五九）年六月晦日の社蔵文書は、古くから、三カ村に沙汰がなされて継承されていたことを物語る。この風流花踊りは練《ね》り物をともなって中世から近世におよんで盛大に執行されていたが、明治十六（一八八三）年の旱魃《かんばつ》のおりに行われたのを最後に一時中断、大正十三（一九二四）年に花踊りが復活、昭和四（一九二九）年には吉川観方氏の考証にもとづいて衣裳がととのえられた。

丹波国一之宮で名神大社であった出雲神社は、明治四（一八七一）年の五月に国幣中社となり、第二次世界大戦後はあらたな宗教法人法にもとづく単立神社として、出雲神社を出雲大神宮に改称した。万寿二（一〇二五）年に旱天に慈雨を祈って霊験をえたことを丹波守の源経頼が記述し（『左経記』）、寿永三（一一八四）年源頼朝が院宣によって玉井四郎資重《すけしげ》の濫行を停止せしめ、天福二（一二三四）年には北条泰時が神領安堵を下知するなど、出雲大神の信仰は丹波国一之宮としての伝統をうけついで崇敬されてきた。

足利尊氏が貞和元（一三四五）年に社殿を修造し、さらに文和三（一三五四）年に社領安堵状をだすというように、南北朝のおりにも神威は衰えなかった。いま改めて千三百年の歴史と信仰の史脈をかえりみ、名神大社の神威の息吹が、二十一世紀の現代の世に力強く活きることを祈念する。

# 鶴見和子がみた南方熊楠

## 地球志向の比較学

「地球志向の比較学」（平凡社『南方熊楠全集』第四巻解説）という論文を読んだのは一九七二年の秋であった。鶴見和子さんを身近に感じるようになったのもこの論文によってである。京都大学の学生時代に南方熊楠の「神社合併反対意見」（『日本及日本人』）に接して感銘をうけた私は、私なりに南方熊楠の存在に注目していた。だが南方熊楠にかんする出色の論考は少なかった。ところが鶴見和子の「地球志向の比較学」は、それまでの南方熊楠論を克服して卓見がみなぎっていた。この論文は南方熊楠がグローバルな比較の視座をそなえた民俗学者であり、植物生態学者であったことをあざやかに指摘した。

一九七〇年代のはじめのころ、講談社の編集部から日本のすぐれた民俗学者や文化史学者を中心とする、人物シリーズをまとめることができないかとの相談があった。早速池田弥三郎さん・宮本常一さんと私とでその企画を進めることになり、池田さんが『折口信夫』（第二巻）を、宮本さんが『渋澤敬三』（第三巻）、そして私が『喜田貞吉』（第五巻）を担当することになった。南方熊楠をこのシリーズからはずすわけにはいかない。「地球志向の比較学」で鶴見和子さんの見識を高く評価していた私は、『南方熊楠』（第四巻）の執筆者に強く推薦した。宮本さんも鶴見さんのお仕事は熟知されていて賛同された。

鶴見和子著の『南方熊楠』が出版されたのは、一九七八年九月であったが、後に「南方曼陀羅論」を展開されるその発端は、すでにこの著のなかに内包されていた。そのことは『南方熊楠』（講談社）の第一章三の二の「曼陀羅」にも明らかであり、早くも「南方曼陀羅」という用語がたびたび使われているのにもうかがうことができる。

## 南方曼陀羅論

鶴見和子著の『南方曼陀羅論』（八坂書房、一九九二年）の「あとがき」には、つぎの文がある。「昨年（一九九一年）、田辺で第一回南方熊楠賞人文の部選考委員会で、委員長の上田正昭先生から伺い、『南方熊楠』の執筆者にわたしを推薦して下さったのは、上田先生であった」と記されているのは、その間の事情の一端を物語っている。

「民俗文化」という、当時あまり耳慣れしない言葉を、シリーズ名にしたのは、講談社版の『日本民俗文化体系』(全十二巻)が最初ではなかったかと思う。このシリーズ名を「民俗文化」とすることにこだわったのは私であった。そして「民俗神道」という用語を私がはじめて使ったのは、池田弥三郎さんとの対談(『探訪神々のふる里』第三巻、小学館、一九八一年)であった。

はからずも和歌山県の田辺市が主催する南方熊楠賞、その人文の部の選考委員長を私がその第一回からつとめることになって、鶴見和子さん・神坂次郎さんとご一緒に選考の任に当たることとなった。ずばりとものごとの本質に言及されて、胸のつかえが氷解することがしばしばであった。雑談のなかで、日本舞踊の名取である由を伺ったのもそのころであった。

鶴見和子さんの南方熊楠への敬慕にはなみなみならぬものがあり、その心酔に余人はとうてい及ばない。在野のこころざし高く、官学の研究者の仕事にはとりわけきびしいものがあった。南方熊楠の神社合併反対の思想と行動ひとつをかえりみても、熊楠が傑出した思想家であり、たんなる書斎の学者でなかったことは、その実践にもはっきりとみいだすことができる。

明治政府による神社合併は通説のように、明治三十九(一九〇六)年からはじまったのではなく、それよりは五年早く、明治三十四(一九〇一)年のころから進行しつつあった。神社合併のもっとも激しかった和歌山県の現状を座視できなくなった熊楠は、明治四十二年の九月から神社合併反対に立ちあがったが、その論拠は「エコロジーの立場に立つ公害反対」ばかりでなく、「史蹟と古伝」の消失・「天然風景と天然記念物」の亡滅などのほかに、神社が人びとと寄合う「自治機関」であったとみなしていたことも軽視できない。

南方熊楠は偉大な先学であった。しかし被差別部落や朝鮮人に対する差別感を熊楠といえども克服していたとはいいがたい。その点を鶴見和子さんとの討論のなかで申し上げたことも、いまは懐しい想い出になっている。一九九五年の四月、鶴見和子さんに南方熊楠賞を受賞していただいたおりの和子さんの喜びは、天にも昇るいきおいであった。

内発的発展論の展開をはじめとする業績にとどまらず、歌の世界にもあらたな気概と勇気を傾注された鶴見和子さんのお仕事には、今もなお私どもの学ぶものが多い。敬愛する先輩があいついでこの世を去ってゆくが、いのちある限り、みずからのこころざしを先学の道に重ねて活かしてゆきたい。

# 第Ⅱ部　日本の地域文化

# 湖国は宇宙有名の地

## 近江国の特色

古代の有力貴族だった藤原家に天平宝字四（七六〇）年のころにまとめられた『家伝《かでん》』という伝記があります。「上・中・下」と三巻あり、「上」は鎌足《かまたり》、「中」は不比等《ふひと》（現存せず）、「下」が武智麻呂《むちまろ》の伝記です。武智麻呂は近江《おうみ》（琵琶湖がある現滋賀県）の国守となりますが、『家伝・下』に彼のこんな言葉が記されています。

「近江は宇宙有名の地なり」つまり、天下にその名をとどろかせている地だ、と。非常にスケールの大きな言葉です。これこそ、近江の歴史と文化の重層性を象徴した言葉です。

八世紀初め、日本は五十八カ国と三島に分けられていました。それを四ランクに分け、一番有名な国は大国《たいこく》、それ以下を上国《じょうこく》、中国《ちゅうこく》、下国《げこく》としました。そして近江は、大和国《やまと》（奈良県）、河内国《かわち》（大阪府）、伊勢国《いせ》（三重県）、播磨国《はりま》（兵庫県）と並んで最上の大国に属していました。また延長《えんちょう》五（九二七）年に完成した『延喜式《えんぎしき》』には、当時の政府が公式に認めた神社が記載されています。その神社が「式内社《しきないしゃ》」ですが、式内社が一番多い国は大和国、以下伊勢国、出雲国《いずも》（島根県）と続き、四番目が近江国です。

これだけを見ても、古代の日本にとって近江がいかに重要な地であったかが分かりますが、まだ指摘しておきたいことがあります。

古代の日本には三つの関《せき》がありました。それを「三関《さんげん》」といいます。ひとつは琵琶湖の北にあった愛発関《あらちのせき》、次に琵琶湖の東南、美濃国《みの》（岐阜県）の関ヶ原にあった不破関《ふわのせき》、そして琵琶湖の南、伊勢国にあった鈴鹿関《すずかのせき》です。いずれも近江国を取り囲むように置かれています。何か政変や内乱が起こると、朝廷はまず第一にこの三関を固め、「固関使《こげんし》」を派遣しました。「固関《こげん》」という特別な言葉の由来です。

さらに重要な点を申し上げますと、日本の歴史では、政治の中心地が三度までも近江に遷ります。最初は天智天皇《てんじ》六（六六七）年に営まれた大津宮《おおつのみや》です。次が聖武天皇の紫香楽宮《しがらきのみや》、そして織田信長の安土城《あづち》です。

## 政治の中心地が三度

天智天皇二（六六三）年八月、倭国（日本国）は百済《くだら》を助けるため、白村江《はくすきのえ》（錦江）の下流で唐・新羅《しらぎ》の連合軍と戦います。結果は倭国側の大敗です。一般には、そこで天智天皇が唐・新羅の侵攻に備え、飛鳥からさらに辺土の大津宮へ都を遷したといわれています。しかし私は、それだけが遷都の理由ではないと考えています。

中国の史料を見ますと、唐の戦略は新羅を助けてまず百済を滅ぼし、次に高句麗《こうくり》を狙っていました。最初に申し上げました『家伝・上』に、高句麗の王が藤原鎌足に秘密文書を送ったことが記されています。高句麗からの使者が日本に来たのは欽明《きんめい》天皇三十一（五七〇）年が最初です。以来、彼らは北陸経由で大和へ入っています。つまり大津は、高句麗の使者が通る道に位置していたのです。

天智天皇が大津に都を遷した背景は、高句麗との連絡を密にする意図もあったというのが、私の考えです。

天平勝宝《てんぴょうしょうほう》四（七五二）年、聖武《しょうむ》天皇は仏教で国を治めるため、奈良の東大寺に大仏を造立《ぞうりゅう》します。天皇がその詔《みことのり》を発したのは、いまの京都府木津川《きづがわ》市に営んだ恭仁京《くにきょう》においてです。そして大仏建立は恭仁京の離宮である紫香楽宮（滋賀県甲賀《こうが》市信楽《しがらき》町）で始まったのです。その事業は天平十七（七四五）年の大火などで中断され、その後に東大寺の地、平城京で継続されることになりました。もし中断されていなければ、大仏は紫香楽宮・甲賀《こうか》寺跡の場所で営まれていたかもしれません。

時代は下って天正《てんしょう》七（一五七九）年、織田信長は琵琶湖を見下ろす地に安土城を築きます。「天下布武《てんかふぶ》」をスローガンに、信長はなぜ近江に本拠地を置いたのか。それは、彼が歴史に照らして近江の重要性をよく知っていたからです。このように近江の地は、天下が大きく変わるとき、いつも注目されてきたのです。

## 近江は国際人輩出の地

最後に是非申し上げたい点は、古代以来、実に多くの近江の人が国際関係で活躍していることです。推古《すいこ》天皇十五（六〇七）年、聖徳太子は隋《ずい》に使者を派遣します。そのときの遣隋使小野妹子《おののいもこ》は、いまの滋賀県志賀町の出身です。

舒明《じょめい》天皇二（六三〇）年、最初の遣唐使が海を渡ります。その大使だった犬上御田鍬《いぬかみのみたすき》は近江の犬上《いぬかみ》地域出身の豪族でした。

先の白村江の戦いで百済が滅んだとき、朝鮮半島から多くの外国人官僚が日本に亡命し、近江の地で暮らします。いまの東近江市に石塔寺《いしどうじ》という古いお寺があります。寺名の通りそこには古い石塔が立っていて、その姿は朝鮮の百済の塔と非常によく似ています。このように近江では、古くから外国との交流が盛んだったのです。

近世になりますと雨森芳洲《あめのもりほうしゅう》という、私が最も尊敬している儒学者が活躍します。芳洲は対馬《つしま》藩に仕え、朝鮮との交流に生涯を捧げました（『雨森芳洲』ミネルヴァ書房、参照）。出身地はいまの長浜市高月《たかつき》町 雨森《あめのもり》。私が大好きな渡岸寺《どうがんじ》観音堂《かんのんどう》の十一面観音はそのすぐ近くにあります。

彼は、同時代の歴史学者だった新井白石《あらいはくせき》がライバル視したほどの碩学でした。朝鮮通信使が江戸にやってきたときには二度も同行し、活躍しますが、天保十三（一七二六）年十月二十日に書きあげて対馬藩主（宗義誠《そうよしのぶ》）に上申した『交隣提醒《こうりんていせい》』という彼の著作を読みますと、秀吉の朝鮮侵略を「無名《むめい》の師（大義名分のない戦争）」と的確に批判しています。そして「誠心之交《せいしんのまじわり》」は互いに欺かず、争わず、「真実を以《も》って交る」ことであると言いきっているのです。現代の国際関係のあるべき姿を、三百年ほど前にすでに見通していたといえます。

このように、近江の地には古くからの文化が何層にも重なっています。武智麻呂がいった「宇宙有名の地」は、琵琶湖をめぐる自然の雄大さのみならず、近江の歴史や文化にも当てはまる表現でもありましょう。

# 「こしの都」と渡来の文化

## 「こしの都」への実感

二〇〇七年は、継体大王即位の西暦五〇七年から数えまして、ちょうど千五百年ということで、継体大王ゆかりの土地で、即位千五百年にちなむさまざまな催しがありました。

継体大王が即位されたのは、河内の樟葉宮《くずはのみや》でした。その所在地は、大阪府の枚方《ひらかた》市です。枚方市でも継体大王即位千五百年を記念するシンポジウムがあり、私がその基調講演をさせていただきました。このように、全国ゆかりの地でさまざまなイベントがありましたが、この越前市では一回限りでなく、引き続いて「こしの都文化事業実行委員会」が結成され、伝統産業を中心に、さまざまな事業を展開しておられます。そのご尽力に対し、三田村会長をはじめ関係者の皆様に、心から敬意を表します。

イベントは所詮一過性であり、例えば、京都では平成六（一九九四）年、平安京に都が遷ってから千二百年になるというので、約千八百件に及ぶイベントを展開いたしました。しかし、いったい何が残ったのか。施設や研究センターは残りますが、イベントは平成六年の一年だけの催しに留まりがちです。

しかし、越前市を中心とする地域において、即位千五百年を契機とした「こしの都文化事業実行委員会」の方々は、引き続いてその歴史と文化を掘り下げ、とりわけ百済との関係を重視され、今日のこのような講演会を催しておられる、その熱意に敬服します。

私は、二〇〇八年九月にお招きを受けまして、越前市を中心に福井県の関係地の視察をさせていただきました。そこで、改めて「こしの都」の伝統の素晴らしさを学ばせていただきました。ご当地に伺う以前は、正直に申しまして、「こしの都」千五百年、なんと大きなネーミングをされているなと思っておりました。しかし、実際にご当地へ参りまして、なるほど、「こしの都」を名乗っておられるのは当然であるということを、実感を持って学ぶことができました。

これは越前市にも関係のあることですが、『紫式部日記』の寛弘五（一〇〇八）年十一月一日の条に、藤原公任が紫式部を「紫の上」に擬《なぞら》えて「このあたりに若紫はべろうや」と述べているくだりがあります。『源氏物語』の完成年はわかっていませんが、少なくとも『源氏物語』が一〇〇八年十一月一日の時期には存在したことを物語る重要な一節です。そのことに気付かれたのは、二〇〇八年の五月にお亡くなりになりました古代学協会の理事長であり、京都の平安博物館の館長であった角田文衛博士でしたが、その一〇〇八年から千年であるということに基づいて、京都市でも越前市でも『源氏物語』千年紀が繰り広げられたわけですが、『源氏物語』千年紀はご当地とも深い関係があります。

紫式部の父の藤原為時は、越前守として越前国に赴任し、紫式部も実際にこの地に来ていることは紛れもない史実です。

その『源氏物語』千年紀で、京都で式典が十一月一日にありました。その式典にお出ましになるために、天皇・皇后両陛下が京都においでになりました。十月二十二日に、宮内庁から電話があり、十一月一日に大宮御所で、両陛下が私と夕食をともにして懇談したいと申されているとのご要望を受けました。

私は二〇〇一年に宮中歌会の召人《めしうど》を務めており、その折に両陛下とご懇談させていただいたことはありますが、今、お召しをいただく理由がわからない。他にどなたが来るのですかと言うと、「先生お一人です」との由。ますます、なぜ私がお召しを受けるのか分からないので、恐る恐る参上いたしますと、私の最近の著書である『日本人のこころ』（学生社）をお読みいただいて、そこで私に会いたいと仰っていることがわかりました。

懇談は、午後七時から一時間の予定が、延々二時間十分になりました。私にとっては大変に楽しい、しかも、有難いひと時を過ごすことができました。

その折、いろいろな話題のなかで、天皇陛下が百済についてご質問をなさいました。六六三年の「白村江の戦い」のお話も出ました。その時の百済の王朝は内部分裂をしていたわけですが、そのことも陛下はよくご存じでいらっしゃいました。それから、武寧王の次の王は聖明王ですが、武寧王並びに聖明王についてもご質問がありました。陛下がいかに百済文化に深い関心を持っておられるかということに、改めて感銘を受けた次第です。

そして本日、「こしの都」と百済の文化について講演する機会を得ましたことは、忘れられないひと時になりました。

## 日本海をめぐる先進文化圏

日本海をめぐる文化圏について、私どもはもう一度しっかり考え直す必要があるのではないでしょうか。

そもそも、「裏日本」という言葉は一体いつ頃から使われるようになったのか。調べてみますと、明治二十八（一八九五）年から、地理学の先生が使い始めたことがきっかけです。江戸時代にも室町時代にも鎌倉時代にも平安時代にも、「裏日本」というような言葉はありません。明治二十八年のころから、「裏日本」という言葉が使われるようになりました。

最初は、後進地域とか、あるいは停滞している地域であるというような、地域的な偏見の言葉ではありませんでした。しかし、明治三十三年以降に使われてきた「裏日本」は、山陽・瀬戸内の地域が表日本であって、北陸、山陰の地域は後進地域であるというような意味合いで使われてきました。

そのような裏日本観は、現在もなお、残念ながら根強く続いています。ですから「こしの都」の文化がいかに素晴らしいかということを皆様方が強調されているこの運動は、「裏日本」観の過ちを問い直す新しい文化運動であると、私は考えております。

少し歴史を勉強したらわかるのですが、弥生時代から、日本海沿岸地域は日本文化の先進地域でありました。それは、最近の考古学の発掘成果を見ても明らかです。例えば、中国の前漢という王朝があります。その前漢の次の王朝は、「新」という王朝です。「新」王朝の次の王朝が後漢です。その「新」王朝の実力者は王莽《おうもう》という人で、この人物が実権を握っていました。その時に造った「新」王朝の貨幣は銅貨ですけれども、それには貨泉と鋳造されています。そして、この銅貨は日本でもいち早く、京都府北部の京丹後市の久美浜の海岸の遺跡からも見つかっています。そして、島根県の青木遺跡から、さらに、対馬のシゲノダン遺跡から見つかっているというように、「新」王朝の貨幣が日本海沿岸地域から次々と見つかっています。このことは弥生時代には、中国の「新」王朝との間に何らかの交渉があったことを物語ります。

前漢の歴史を書いている史書を『漢書』と申します。その『漢書』の王莽伝の箇所を機会があればお読みください。その中で「東夷の王が珍しい宝を贈ってきた」と書いています。新時代の刀、素環頭太刀《すかんとう》という鉄剣で、これが出ている地域も日本海地域です。

そこで私は、『漢書』の王莽伝に出てくる東夷の王というのは、日本海沿岸地域の有力な王者であったのではないかと思っております。

皆さんがよく知っておられる、邪馬台国で有名な『魏志東夷伝』倭人の条は、これは正しくは『魏書』ですが、朝鮮半島・韓半島南部の「弁辰」の条に、現在の韓国の慶尚南道を中心にした地域のことを書いている個所で、「漢、濊《かい》、倭、争って鉄を取る」と、朝鮮半島の人々だけではなく、日本列島の倭人も取りに来ていることが書かれています。

事実、島根県の木次町平田遺跡からは、弥生時代後期の鉄をつくる鍛冶炉跡が見つかっています。安来節で有名な島根県の安来市の塩津山遺跡も、弥生時代後期ですが、ここから鉄製品が三一点見つかっています。そして、鳥取県の青谷町上寺地《かみじち》遺跡からは二百七十点以上も見つかっています。また、京都府北部の岩滝町の大風呂南遺跡からは、弥生時代の鉄剣が十四本も見つかっているというように、鉄の文化についても、従来は、北九州・瀬戸内海が非常にクローズアップされておりましたが、そのような理解だけで論ずるのは間違っているということが明確になってきています。

有名な邪馬台国の女王「卑弥呼《ひみこ》」の時代の年号が入っている鏡は、現在、日本では十面が見つかっています。そのうちの魏の年号のある鏡の四面は、すべて日本海側で見つかっております。このように、いわゆる「表日本」を中心に日本の歴史や文化を考えることがいかに誤っているかということは、弥生時代の遺跡だけを見ても明らかになってきます。

昭和五十九（一九八四）年の夏、島根県の斐川町神庭《かんば》荒神谷遺跡で、銅剣三百五十八本が見つかりました。翌年には銅鐸六個、銅矛十六本が出土し、さらに平成八（一九九六）年の十月十四日には、やはり島根県雲南市の加茂岩倉遺跡で、銅鐸三十九個が出土しました。弥生時代の銅剣は、全国で約三百本です。ところが出雲の一カ所の遺跡から三百五十八本も出土しました。銅鐸の最多出土地もやはり出雲でした。

越前では春江町の井向《いのむかい》一号鐸の銅鐸絵画に船と船人が描かれているのが象徴的です。

## 北ツ海と敦賀の由来

『日本書紀』垂仁天皇二年の是歳の条には、有名な記述があります。

これは、福井県の敦賀《つるが》という地名の由来を明確に物語る貴重な伝えです。この記述の中に、「御間城天皇《みまきのすめらみこと》の御世《みよ》」、すなわち崇神天皇の代に、「意富加羅国《おほからのくに》の王子、名は都怒我阿羅斯等《つぬがあらしと》」

の渡来が記載されています。

意富加羅国というのは、現在でいうと韓国慶尚南道の大邱《テグ》市から釜山《プサン》にかけての地域にあった国の中の一つであって、そのなかで一番大きい国が、意富加羅（大加耶）国です。この国の王子であった都怒我阿羅斯等《つぬがあらしと》が、「北海《きたつうみ》より廻りて、出雲を経て此間に至れり」と記述されています。

## 日本海の名称

この「北海《きたつうみ》」と日本の古典に書かれているのが後世には日本海と呼ばれるようになります。

余談ですが、国連の地名会議でしばしば問題になったことがある「日本海」という名称については、日本帝国主義が付けた名前であって、中国、朝鮮民主主義人民共和国あるいは大韓民国からは、公の海で特定の国名を付けているのはけしからんという抗議がありました。「日本海」は、「東海」と呼ぶべきであるということが、たびたび議論になりました。

私が府立の大阪女子大学の学長をしておりました当時、その大学のある大阪府堺市選出の国会議員であり外務大臣でもありました中山太郎さんから、学長室に連絡がありました。「実は、国連の地名会議で、「日本海」という名称がけしからんという議論が起こっている。先生、どう思いますか」と。私は即座に、「坤輿《こんよ》万国全図」という、イタリアの宣教師であったマテオ・リッチが、一六〇二年に北京でつくった世界地図のことを申しました。

その地図の中には、明確に「日本海」と漢字で書かれています。一六〇二年にイタリアの宣教師が世界地図を作り、それも北京で作っているのです。その地図には「日本海」とはっきり書かれています。決して、日本帝国主義が海の名前を付けたわけではありません。そして、太平洋は「小東洋」と書かれています。日本で一番最初に、「日本海」という名称を使っている地図は、山村才助という蘭学者が作ったものです。これは、新井白石の『采覧異言《さいらんいげん》』を訂正し増補した書物で、白石がイタリアのシドッチと会見したときに書いた本が『采覧異言』で、それを山村才助が『訂正増訳采覧異言』という書物として新たに補訂したわけです。その付図は、享和二（一八〇二）年の地図です。日本帝国主義以前にも、日本の学者もまた「日本海」という名称を使い、才助は太平洋を「東洋」と読んでいたことが明確になっています。

そこで私は中山外務大臣に、そのような国連での意見は間違いであると、明確にお答えしました。韓国や中国の皆さんが、「日本海」を「東海」と呼ぶのは自由ですが、日本から見て日本海は、決して東の海ではなく、むしろ北に存在します。公の海について国名をつけている例はインド洋をはじめほかにもあります。反省すべき点は率直に認めるべきですが、歴史的事実に鑑み、言うべきことは正々堂々と言うのが歴史学者の役割です。

## 敦賀の由来

郵便はがき

料金受取人払

牛込局承認

5507

差出有効期間
平成26年11月
18日まで

162-8790

東京都新宿区
早稲田鶴巻町五二三番地

株式会社 藤原書店 行

（受取人）

ご購入ありがとうございました。このカードは小社の今後の刊行計画および新刊等のご案内の資料といたします。ご記入のうえ、ご投函ください。

| | |
|---|---|
| お名前 | 年齢 |
| ご住所 〒<br>TEL　E-mail | |
| ご職業（または学校・学年、できるだけくわしくお書き下さい） | |
| 所属グループ・団体名　連絡先 | |
| 本書をお買い求めの書店<br>市区郡町　書店 | ■新刊案内のご希望 □ある □ない<br>■図書目録のご希望 □ある □ない<br>■小社主催の催し物案内のご希望 □ある □ない |

読者カード

書名

●本書のご感想および今後の出版へのご意見・ご希望など、お書きください。
(小社PR誌『機』に「読者の声」として掲載させて戴く場合もございます。)

■本書をお求めの動機。広告・書評には新聞・雑誌名もお書き添えください。
□店頭でみて　□広告　□書評・紹介記事　□その他
□小社の案内で　(　)　(　)　(

■ご購読の新聞・雑誌名

■小社の出版案内を送って欲しい友人・知人のお名前・ご住所

お名前　ご住所　〒

□購入申込書(小社刊行物のご注文にご利用ください。その際書店名を必ずご記入ください。)

| | |
|---|---|
| 書名　冊 | 書名　冊 |
| 書名　冊 | 書名　冊 |

ご指定書店名　住所

都道府県　市区郡町

それなら「日本海」という名称以前は、我々の祖先は何と呼んでいたかと言いますと、前述しましたように、「北海《きたつうみ》」と呼んでいたのです。天平五（七三三）年の『出雲国風土記』の意宇郡・出雲郡・神門郡の各条や、『備後国風土記』逸文も「北海」と明記しています。その北海を廻って、出雲から敦賀の地域に来たと、『日本書紀』に書かれているのです。

それでは、なぜ敦賀の地名ができたのでしょうか。

『日本書紀』垂仁天皇二年の是歳の条に書かれている、意富《おほ》加羅国《からのくに》の最高の官位は角干《つぬかん》という尊称でした。「角干」は、日本読みではツヌカンです。これが今日の敦賀《つるが》の語源になるわけです。阿羅斯等《あらしと》というのは、『日本書紀』の継体天皇二十三年、敏達天皇十二年の条をお読みになればわかりますように、朝鮮半島の人名に付ける尊称でした。

もう既に垂仁天皇の時代の話として、韓国の南部からこの北陸の福井県の敦賀の地域に、意富加羅国の王子が渡ってきたという話が書かれているわけです。これをみても、いかに、この北陸の福井の地域・越前の地域が、文化を受け入れる先進地域であったかということがおわかりいただけると思います。

この「北海」を媒体に、「こしの国」に渡来の文化が早くから伝わってきているということは確かです。ご当地のみなさんが、継体大王即位千五百年を契機に、越前の和紙、越前の漆器、越前の焼きもの、越前の刃物、越前の木工、そして、越前の織物などのルーツを、韓国とりわけ百済との関係において、再発見しようとご尽力されているのは、考えてみれば、誠にいわれが深いと言うべきでしょう。

## 百済と日本との関係

百済の武寧王の生まれた場所は、これは『日本書紀』雄略天皇五年三月の条によれば、「筑紫の国の各羅島《かからしま》に生まる」ということが書いてあります。

一九七一年七月、韓国忠清南道公州で、百済の武寧王陵がみつかり、墓誌が出土しましたが、墓誌には「斯麻」と書いてありました。『日本書紀』ではこの斯麻を「その名を嶋という」と記しています。各羅島というのは、現在の佐賀県唐津市鎮西町の唐島という島です。そこへ行きますと、武寧王誕生の産湯の伝承が伝えられているということもみのがせません。

その武寧王の流れをうけた方が、桓武天皇のお母さまの高野朝臣新笠《たかののあそみにいがさ》であるということが勅撰の歴史書である『続日本紀』に、はっきりと記載されています。桓武天皇の延暦八（七八九）年十二月の条には、桓武天皇のお母さま、高野新笠皇太后が亡くなった記述があり、その翌年の延暦九年一月の条にも、新笠の伝記が書かれております。そこには明確に百済の武寧王の子孫であるということが書かれているわけです。

## 「帰化」の誤りと、「渡来」

私は一九六五年五月、中央公論社の新書で、『帰化人』という書物を公にいたしました。その書物の中で、「帰化」という言葉は無限定に使ってはならないということを強調しました。

中国は古くから、自分の国は世界でもっとも優れた中華の国であるという考えを持っておりました。周辺の国は夷狄《いてき》です。北狄、東夷、南蛮、西戎という夷狄の民が中華の皇帝の徳に、「内帰欽化」すること、すなわち中華に帰属すること、この省略語が「帰化」です。「帰化」は中華思想の産物です。

ところが日本の七世紀後半から八世紀初めの、律令政府の支配者たちは、日本は中国から見れば東夷なのですが、東夷のなかの中華であるということを強く主張するようになりました。これを私は、日本版中華思想と呼んでいます（『渡来の古代史』角川学芸出版、参照）。したがって、百済、新羅、高句麗、あるいは渤海なども含めて、これらは日本に朝貢する蕃（藩）国であるという扱いをしました。

日本は、中国のことは、中華の国ですから「大唐」などと尊敬しておりますが、七世紀の後半から八世紀の初めになると、朝鮮半島の諸国あるいは中国東北地区の東半分から沿海州の地域にかけて存在した国、例えば渤海などについても、日本に朝貢する国だと言い始めました。「蕃」

という言い方は、徳川幕府の幕藩体制の「藩」と同じ意味なのです。朝貢する国（蕃国）と位置付けているわけです。

そして、養老四（七二〇）年五月十一日にできあがった『日本書紀』の中に「帰化」の用例が十三例（「化帰」一例を含む）あります。そのうちの十例は高句麗、百済、新羅、残りの一例は普通名詞で使っています。残りの二例は縄文杉で有名な屋久島の掖玖《やく》の人々に使っています。

一方、中国人には「帰化」という言葉は一切使っておりません。ですから、私は『帰化人』の書物の中で、「帰化」という言葉は無限定に使ってはならないと述べました。帰化した人を「帰化人」と言うのに反対しているわけではないのですが、「帰化」していない朝鮮半島などから来た皆さんに「帰化人」などと言うのは、史実に反するということを書きました。

和銅五（七一二）年正月二十八日にできあがりました『古事記』には、「帰化」という言葉はどこにも書いてありません。すべて「渡来」「参渡来」という用語です。『風土記』も「渡来」です。「帰化」という用語はありません。そこで、私は「渡来」という言葉を使った方がよいということを、その書物で書いたわけです。古代日本の根本法典の「大宝令」や「養老令」では、「帰化」を「附㆓戸貫㆒」あるいは「附㆓籍貫㆒」と規定しています。わが国の戸籍の確実な最初は、天智天皇九（六七〇）年の庚午《こうご》年籍《ねんしゃく》、ついで持統天皇四（六九〇）年の庚寅《こういん》戸籍です。戸籍の存在しない段階に「帰化人」は存在するはずはありません。

そして、天平勝宝四（七五二）年四月九日、奈良の東大寺で盛大な大仏開眼の供養会が催されました。東大寺大仏鋳造のリーダーは、いったい誰なのか。これは日本名、国中連《くになかのむらじ》公麻呂という人です。この人の祖父は百済の人です。六六〇年に百済が滅びます。そのとき日本に亡命してきた百済の役人で、国骨富という方のお孫さんが日本名の国中連公麻呂です。いわば在日三世です。そして、『帰化人』という本の冒頭に、あの東大寺大仏を建立した現場のリーダーは、いったい誰だったのかということを書きました。

もちろん、現代の東大寺大仏は、二度焼けており、元禄五（一六九二）年の徳川第五代将軍綱吉の時に建ち上げられたものです。そして台座の蓮弁の二枚だけが天平のものですが、しかし、公麻呂のつくった紛れもない素晴らしい御仏が東大寺にあります。

それは、二月堂のそばの三月堂（法華堂）という建物のなかにあります。二月堂はお水取りで有名ですが、三月堂に不空羂索《ふくうけんじゃく》観音という素晴らしい立像があります。これは間違いなく公麻呂のつくった天平の見事な御仏です。東大寺へ参って、いったい何人が百済の文化が東大寺の文化に輝いているかということを学んでいるでしょうか。このことを改めて思うわけです。

そしてもう一つ、その著書の中で、高野新笠という桓武天皇のお母さんが、百済の武寧王の子孫であるということも書いたのです。天皇陛下が皇太子の時代に、私の『帰化人』を読んで感銘されたということをご紹介いただきましたが、私が助教授の時、その本が出たおりに、「渡来」

は上田の造語であるとか、不当であるとか中傷がありました。

歳月が経ち、世の中は変わりました。それに最も大きな影響を与えたのは、二〇〇一年の十二月に陛下自らが百済の武寧王と天皇家とのゆかりを言われたお言葉でした。その時には、アメリカの『ニューズ・ウィーク』も私に取材に来まして、いろいろと陛下のご発言の意義を申しました。

二〇〇八年の十一月一日の夕食会のおりにも、陛下から百済のお話が出ましたので、二〇〇一年の十二月十七日に陛下が言われましたあのお言葉は、何よりも国際親善に大きく貢献されましたと申し上げましたら、陛下が「そうでしたか」と微笑んでおられました。

非常にすぐれた天皇陛下であり、皇后さまも本当にみごとであられまして、改めて、私どもはこのような皇室を持っていることを心から誇りにしたいと考えています。

## 継体大王と「こしの都」

このように、百済の文化と日本の文化は古くから関係がありました。

ご当地には謡曲「花筐《はながたみ》」をはじめとして継体天皇縁《ゆかり》の伝承地が多くあります。

しかし、なぜ継体大王が越前の三国から登場してくるか、ということを改めて考える必要があります。

もちろん、お母さまである振媛《ふりひめ》が、越前すなわち、坂井市の三国の出身であるということもありますが、私はこの武生盆地の地域というのは、三国の港を媒介とする海上交通、あるいは北陸道の要地としての陸上交通、いうならば水陸交通の要衝地であり、大変に滋味豊かな地域であり、そしてさらに、軍事的にも防御の地として要塞を築く上でも適切な地域であったことが大きいと考えております。

そして、北海《きたつうみ》＝日本海を媒介とする渡来の文化をかなり早くから受け入れた先進地域であったことが、こんにちの越前の伝統文化につながる理由ではないかと、改めて考えるわけです。

韓国高霊郡池山洞三十二号墳から出た金銅の冠があります。松岡町（現永平寺町）の有名な、二本松山古墳から出た銀銅冠と比較すると、冠の上のところは宝珠型と言い、宝珠の形がそのまま松岡町出土の銀製の冠につながっています。ただ帯が、広帯ではなくて、細帯です。冠の巻いている縁が細いのです。

ところが、もう一つ、松岡町から出た金銅製の冠は、山型、帯は広帯の冠です。これをみると、韓国の冠と、ご当地の松岡町の古墳から出た冠が、いかに似ているかが窺えます。

また、若狭町の十善の森古墳から出土した金銅製冠帽、それから、継体大王の父、彦主人王《ひこうしのおおきみ》ゆかりの鴨稲荷山古墳出土の王冠があります。彦主人王の出身地は滋賀県高島町（現高島市）で、ここに鴨稲荷山古墳という古墳があります。そこからやはり立派な冠が出ているわけです。継体大王の父の故郷からも、このような見事な冠が出ています。

そして、最後が奈良県斑鳩町、法隆寺の東側ですが、藤ノ木古墳から出た冠です。これが六世紀の後半です。わが国の金銅製の冠の最後を飾ったのは、藤ノ木古墳の冠です。

私は越前から大和へという、この冠の道に注目しています。藤ノ木古墳以後は、金銅製の冠は我が国ではなくなります。推古十二（六〇四）年に冠位十二階が制定されます。徳仁礼信義智という儒教的徳目にもとづいた位階を聖徳太子が新たにつくります。これが大小に分かれます。一番上位は大徳で、一番下は小智ですから、十二階になるわけです。そして全部が帛冠なのです。わが国の冠は織物になり、刺繍をするようになります。やがて黒の羅《ら》で仕立て漆をひいた冠に変化します。

大阪の四天王寺で四天王寺ワッソというお祭りが、一九九〇年からはじまって、今日まで続いておりますが、その時代考証は私が中心でいたしました。メインは聖徳太子です。みなさんの知っておられる聖徳太子は旧一万円札の、漆紗冠と言って、漆塗りで固めた冠に笏を持っておられる聖徳太子像です。しかし、あれは法隆寺献納御物の「聖徳太子二王子画像」の太子像であって、七世紀初めの聖徳太子の像ではありません。そこで聖徳太子の衣裳の復元をし、現在も大阪市でワッソはつづいています。旧一万円札と違うので、意外に思っておられる方がありますが、布製の帛冠なのです。中臣鎌足の大織冠という冠も布製の帛冠です。

そして、現在の神職の方は衣冠束帯あるいは狩衣で冠をかぶっております。ああいう漆で固めた冠は、八世紀から変わって来るのであって、金銅製の冠は六世紀の終わりで消えるわけです。その金銅製の冠は、越前から大和へ入って来たというルートを推定できるのではないでしょうか。なお貴族・官僚が笏を持つようになるのは養老三（七一九）年からです。

　そのように考えてきますと、「こしの都」（越前市付近）から、継体大王が登場してこられるのも、その背後には、渡来文化を早くから受け入れた先進文化があるということを、その一つの理由として上げないわけにはまいりません。

## 先進文化の「表玄関」としての「こしの都」

　この今立地区には立派なお社があります。そこに和紙の祖神を祭っている大瀧神社があります。私もお参りいたしましたが、何と立派なお社かと感銘しました。

　それから朽飯《くだし》八幡神社へ行きました。びっくりしたのは、ご祭神です。全国の八幡宮の祭神は、応神天皇と仲哀天皇、そして息長帯《おきながたらし》比売命《ひめのみこと》、すなわち神功皇后です。八幡さまではこの三神が主神なのです。

　ところが、朽飯八幡神社へ参詣しますと、天萬栲幡《あめよろずたくはた》千幡《ちはた》比売命《ひめのみこと》、誉田別尊《ほんだわけのみこと》すなわち応神天皇と、もう一柱の祭神として、火速日命《ひはやひのみこと》を祭っておられるのです。

火速日命というのは、織物をしておりました服部連の祖先神です。このようなご祭神を祭っている神社はたいへん珍しい。

また、天照大神はもちろん日の神、太陽の神、そして皇室の祖先神として崇められるようになりますが、もう一つの側面は織女神、機織りの女神の信仰がオーバーラップしています。『古事記』、『日本書紀』の天の石屋戸の神話のくだりでは、天照大神が機織りをしておられます。そこへ素戔嗚尊が天の斑駒を逆剥ぎにして投げ込むわけです。そこで天照大神が、お怒りになって天の石屋戸にお隠れになる。世の中が、真っ暗になります。手力男命が天の石屋戸を開いて天照大神を迎えるという神話が有名です。

その神話を顧みられたなら、天照大神は、機を織る女神でもあることがわかります。

この信仰は、中国の道教の西王母の信仰につながります。牽牛・織女の伝承は、天の川を挟んで年に一度出会う、星合い伝承です。この女仙の最高の神さまが西王母です。男性の仙人の最高の神さまが東王父です。この信仰から織女神や牽牛神が生まれていくわけです。

牽牛星や織女星については、『史記』の天官書をはじめとして、星座に関する天文書に早くからみえています。後漢の末のころから七月七日に牽牛と織女が出会う星合い伝承が具体化してきます。

西晋（四世紀）の張華という学者の『博物志』という書物に七夕信仰のことを書いております。

中国ではもう四世紀には、七夕信仰があったことは明確です。

そして、朝鮮民主主義人民共和国の南浦市の徳興里に壁画古墳があります。この壁画古墳は、いつの造営かと言うと、五世紀のはじめです。墓誌が書いてありまして、永楽十八（四〇八）年とありますから、間違いありません。一九八〇年、第一回の訪朝のときに、外国人で初めて実地調査した壁画が徳興里古墳でした。その前室に入りましたら、天井に天の川と牽牛・織女が描いてあります。織女の像、牽牛の像と、真ん中に天の川です。五世紀の初めには、高句麗に七夕信仰が入っていたことは紛れもない事実です。

我が国にはいつ頃入ったか、正確なことはわかりませんが、四世紀後半の大阪府茨木市の紫金山古墳出土の勾玉文鏡という倭国で作った仿製鏡があります。今は、「近つ飛鳥博物館」の目玉になっております。その鏡に西王母が鋳造されています。既に四世紀の後半ぐらいにはあったようですが、明確に七夕のことを書いた史料はなかなかないのです。ところが、『万葉集』にはあります。

「天の河安の河原に定りて神競磨待無」。「天の河　安の河原に定まりて　神《かみ》し競《きそ》えば麻呂《まろ》を待たなくに」と読むのが私は良いと思っています。柿本人麻呂の歌です。幸いに、庚辰の年に作るという註があります。天武天皇九（六八〇）年です。七世紀の後半には、朝廷に七夕の信仰があったことは間違いありません。事実、持統五（七九一）年から七月七日には宮廷で、七夕の宴が催されています。

そういう目で『日本書紀』を読みますと、『日本書紀』の巻第一（第十一の「一書」）において、天照大神が「口の裏《うち》に蚕を含みて、すなわち糸をひくこと得たり」と書かれております。天照大神が口の中に蚕を含んで糸を引かれたということが、『日本書紀』の神話にはっきりと書かれている。このように天照大神の信仰には、織女神の信仰があるということを私どもは知ることができます。

このような織物の文化は、いったいいつわが国に伝わったのでしょうか。『日本書紀』の、五世紀後半の雄略天皇の七年の是歳の条を見ますと、百済から織物の技術が伝わったことが、はっきりと記載されています。

このように考えてみますと、ご当地の伝統産業には、古くから、韓国とりわけ百済からの伝統文化を受け入れ、やがてご当地の伝統産業の基礎がつくられていく過程が浮かび上がってくるわけです。

私は歴史学者でありますので、史料がなければ確かなことを申しあげることはできません。しかし、越前町織田の劔神社には、神護景雲四（七七〇）年の国宝の梵鐘があります。その銘文のなかに「劔御子寺」という寺の名前が書いてあるわけです。ここには神仏習合による神宮寺のあったことがわかります。その境内から向かって右側には、劔御子寺の遺跡が見つかり、瓦が出てきているようです。それが七世紀後半から八世紀の初めであるということを地元の青木豊昭さんから伺い、私は改めて注目しました。

現在、見つかっている神宮寺で古い例としては、大分県宇佐市の宇佐八幡宮の神宮寺です。全国八幡宮の総本社です。そこの神宮寺は弥勒寺という寺なのですが、発掘によってその時期がわかりました。養老年間です。養老何年に建ったかはわからないのですが、養老年間であることは間違いありません。養老元年は七一七年で、養老年間の一番最後は七二三年（養老七年）です。

そして宇佐八幡の神宮寺よりも古い神宮寺がご当地にあるということを知りました。早くから仏教の文化も受け入れられた地域であることは、このような神宮寺の存在をみてもわかります。

ついで、気比神宮寺、これは伝承ですから、どこまで信頼できるかわかりませんが、藤原仲麻呂が僧の延慶に書かせたという父の武智麻呂の伝記すなわち『家伝・下』（『武智麻呂伝』）には、武智麻呂が夢でお告げがあって、気比神宮の神宮寺を建てたという記録がございます。これは霊亀元年ですから、七一五年です。ただし、気比神宮寺は見つかっておりません。しかし、越前町の織田劒神社の神宮寺が、かなり古い神宮寺だったことに、私は深い感銘を受けました。

こういう事例を、いろいろと考えてみますと、「こしの都」とその文化のルーツを訪ね、そして、ご当地の伝統産業を中心に町おこしを新たに展開しようとしておられる、越前市の心ある皆さんに、心からエールを送りたいと思います。

ご当地は、「裏日本」ではない、かつては日本の北海《きたつうみ》を媒介にする「表玄関」であったことを、誇りを持って、子孫の方々にも伝えていただきたいと念ずる次第です。

# 枚方は古代史でなぜ重要か

## ひらかたの由来

枚方市は大変早くから歴史の講演会を開催されまして、初めて開かれた時は林屋辰三郎さん（歴史学者）、在日の小説家の金達寿さん、それに私が招かれて講演にまいりました。そして市制五十年のときには、森浩一さん（考古学者）と一緒に、継体天皇の問題を市民会館で討論したことがあります。今回、地元で活躍しておられる高橋徹さんからの依頼もありまして、講演をすることになりました。

「ひらかた」という地名が日本の文献で出てまいります一番早いのは『日本書紀』です。養老四（七二〇）年五月二十一日に奏進されたその『日本書紀』の継体天皇二十四年十月の条に、「ひらかた（比攞哿駄）」が出てまいります。ただし、これは『万葉集』などで申します万葉がなで、現在のご当地の皆さんが使っておられる枚方という字ではありません。

現在使っている「枚方」という地名が出てくる確実な文献は、『播磨国風土記』です。和銅六（七一三）年の五月二日に、時の政府が全国に対していわゆる『風土記』の編纂を命じました。それを受けて一番早く完成した風土記が、兵庫県南部の『播磨国風土記』です。いつごろできたかと申しますと、郷里制が施行された霊亀三年三月までのころには『播磨国風土記』は完成していたと考えてよいと思っています。霊亀三年というと七一七年。『風土記』編纂の命令が下ってから、わずか四カ年足らずの間にでき上がった風土記が『播磨国風土記』です。当時、播磨の国は十二の郡から成り立っていたのですが、この風土記は残念ながら巻頭の明石郡が欠けております。また一番最後の赤穂郡も欠けています。十の郡しか残っていないのですが、その播磨の国に朝鮮半島から渡来、あるいは日本の各地から移り住んできた、移住してきた人々のことがかなりたくさん書いてあります。

調べてみたことがありますが、飾磨《しかま》郡には十五例、揖保郡には十六例、賀毛郡には一例あります。そして朝鮮半島南部からの渡来伝承が多い。それはなぜか。編纂当時の国司のなかに、百済僧詠《ヨム》の子の楽浪河内《さざなみのかわち》が大目として編集に参加していたことなど、いくつかの理由があります。その揖保郡の中に「枚方の里」という、枚方市の枚方と同じ字の枚方の里という村の名前が出てきます。

この枚方の里はどうしてできたのかというと、河内の茨田郡に住んでいた枚方の里の漢人《あやひと》——漢人というのは朝鮮半島南部の百済《くだら》・加耶《かや》系の皆さんが、倭国（日本国）で漢人と呼ばれておりましたが——その方たちがここに移り住んだので、ふるさとの枚方という地名を名乗るようになったということが書いてあります。これは現在の兵庫県の太子町の大字平方という場所のあたりです。その「ひらかた」は平という字を書いているんですね。

かつて枚方をめぐって森浩一さんと対談をしたことがあります。森さんが枚方という地名はどうしてついたんだろうと申されました。私は、これは淀川水系の非常に平らな入り江があったからではないかと。平らな潟、「平潟」ですね。平らかで安らかな入り江が枚方という地名の由来ではないかと申しました。これは『継体大王と渡来人』（大巧社）の中で森さんと対談しておりますので、関心のある方は読んでください。

その後、蓮如上人のことを、必要があって史料に当たって調べておりました。その時に『石山日記』の永禄二（一五五九）年十二月九日の条を何げなく読んでおりましたら、平潟から船三艘来ると書いてあるんです。私がかつて枚方の地名は、淀川水系の平らな入り江、ラグーンからついたんじゃないかといっておりましたが、『石山日記』によって私の仮説が決してでたらめでなかったことに気づきました。急いで森さんにこういう史料がみつかったと手紙に書いたことがあります。

## 継体天皇と樟葉宮

この枚方の地は『日本書紀』によりますと、乙亥年すなわち五〇七年、二〇〇七年から約千五百年前ですが、越前の三国から迎えられたヲホド（男大迹・袁本迹）王、すなわち継体大王が枚方市の樟葉宮《くずはのみや》で即位されたと書いてあります。それを記念する歴史フォーラムが本日の催しです。

なぜ、越前の三国からヲホド王は登場するのか。それはお母さんが越前の三国の振姫という方だからです。母が越前の三国でヲホド王を養育するのです。ヲホド王の父の出身地は、近江国高島郡です。そして、越前の三国で養育されていたヲホド王が、武烈大王亡き後、大伴金村らに擁立されて樟葉宮で即位することになる。なぜ、樟葉宮で即位されたのか、これは古代史の一つの大きな謎です。

ヲホド王は『古事記』・『日本書紀』によりますと、応神天皇から数えて五世孫、五代目の孫であって、彦人主《ひこうし》という王のお子さんということになっています。応神天皇から数えて五世の子孫であると。なぜ五世ということが『古事記』や『日本書紀』で強調されているのかというと、「大宝令」では親王は三世までです。お父さん、お子さん、お孫さん、それまでが親王です。四代目、五代目は王は称するのですが。ところが慶雲三（七〇六）年、『古事記』や『日本書紀』ができる前、二月十六日に時の政府が「大宝令」の規定を修正する法令を出しました。これを「格《きゃく》」と言います。そこで慶雲三年の二月十六日以後は五世までが親王になるわけです。

ですから武烈天皇亡き後、五代目の子孫であるということを強調しているのは、応神天皇の流れがヲホド王であるということを、強く主張するために、「五世」を明記していると考えて差し支えありません。もっとも最初からヲホド王に白羽の矢が立ったのではありません。丹波国に住んでいた倭彦王《やまとひこおう》、この方も応神天皇の五世の孫とされている人物ですが、この人はなぜか大王になるのを嫌がって山の中に隠れました。倭彦王が即位しておれば、今ごろ京都府の亀岡市あたりでは倭彦王即位千五百年が計画されたと思います。亀岡市には国の史跡である千歳車塚古墳という、立派な前方後円墳があります。今まで五世紀といっていたんですが、六世紀の初めの前方後円墳のようです。改めて調査がされ、まだ発掘はしておりませんが埴輪が出てきまして、継体天皇の陵と考えられている大阪府高槻市の今城塚と、同じ時期の埴輪が出土しています。地元の先生方は、千歳車塚は倭彦王の墓ではないかとおっしゃっています。

なぜ樟葉で即位されたのでしょうか、これは大変大事なことです。即位のときに鏡と剣を持って即位したと明記している例は、『日本書紀』では、樟葉宮で即位された継体大王のさいが初めてです。大王や天皇が即位するときにはレガリアと申しまして、王位あるいは皇位のシンボルのいわゆる神器を指します。「三種の神器」といいますが、持統天皇即位のおりも（六九〇年）鏡と剣で（『日本書紀』）、「大宝令」でも「養老令」でも『古語拾遺』でも、玉は入っていません。鏡と剣の二種です。もっとも「三種」の伝承もありますが、『日本書紀』（巻第三）の「一書」や『播磨国風土記』など、きわめて限られています（「近江令」では三種であったからではないかとする説もあります）。それが鎌倉時代、正確には仁治三（一二四二）年正月の践祚のおりから三種になることが史料にみえます（『百練抄』）。古代は二種の神器が原則でした。

継体大王が即位したときには、二種の神器、つまり鏡剣の「爾符」を持って即位されたと書かれています。これは、『日本書紀』の編纂者が、いかに樟葉宮での継体大王の即位を重視していたかということを示すものです。そして、即位された継体大王は、筒城宮へ行き、さらに弟国宮に行って、磐余玉穂宮におもむく。『日本書紀』でいうと、約二十年間彷徨して、やっと大和に入ったということになっています。「或曰《あるにいわく》」という別伝が『日本書紀』に載っておりまして、それは二十年ではなくて七年です。私はこの七年説の方がいいのではないかと思っておりますが、その論拠については省略します。

淀川のこの場所は、要衝の地なんですね。下流は大阪湾で住吉の津がある、難波の津がある、さらに柏の渡りがある。上流は宇治川になる。宇治川をたどっていけば琵琶湖へ入る、また別の上流は鴨川になる、桂川になる、山陰、山背（山城）の重要な場所です。ここを押さえるということは、非常に重要な意味がある。そして、使者として越前の三国へヲホド王を迎えにいって大きな役割を担ったのが河内馬飼《かわちのうまかい》首《のおびと》荒《あら》籠《こ》という人物です。

## 北河内と馬の文化

この北河内は、馬の飼育が盛んに行われていた地域です。

私が一九六五年に出した『帰化人』（中央公論社）の一番最初に、「帰化」という言葉は厳密に使うべきだと書いています。古代の法令でも「帰化」は定義しています。国家の戸籍に登録され、本拠を定める、これは「籍貫」あるいは「戸貫」と「大宝令」や「養老令」には書いてありますが、本拠を定めて戸籍に登録されるのをメルクマールとしての帰化です。統一国家のない時代に、つまり弥生時代や古墳時代に日本全国を統一した国家はまだありません。第一にまだ戸籍がありません。そのような時代に帰化人のいるはずがない。

『古事記』や『風土記』には、帰化という言葉は全然使っておりません。「渡来」・「参渡来」と書いてあるのです。私は帰化した人を帰化人ということに反対しているのではありません。帰化した人は帰化人ですが、帰化も何もしていない人を帰化人というのは、日本版中華思想の産物であって、歴史の事実に反すると、『帰化人』の冒頭に書きました。東大寺大仏建立の現場のリーダーは、六六〇年日本に亡命してきた百済の官僚、国骨富の孫、日本名を国中公麻呂という在日三世であったということと、桓武天皇のお母様が百済武寧王《ぶねいおう》の流れをくんでいる方である、ということもはじめの章に書いたのです。

河内には馬飼いの人びとがたくさんいた。そして彼らは西文氏《かわちのふみうじ》の子孫で、渡来系とつながりを保有していました。四条畷《しじょうなわて》の蔀屋《しとみや》北遺跡や鎌田遺跡、あるいは奈良井遺跡をはじめ、馬に関係する貴重な遺跡がみつかっておりますし、北河内に馬の飼育をしていた牧場があったということは、考古学の先生方が多く認めておられるところです。その馬飼い、つまり北河内の馬飼首がヨホド王を迎えにいくわけです。樟葉に宮が設定されたのには、それなりの意味があると私は思っております。そして、延喜五（九〇五）年から編纂が始まり、延長五（九二七）年にでき上がったのが『延喜式』という書物です。それをみますと、十世紀の初めの平安時代の史料でも、馬飼いが一番多く住んでいたのは河内です。河内の馬の文化を、継体即位と関連させて考えたいわけです。

馬というのは、軍事にも使いますし交通にも使いますが、江上波夫先生（東洋史学・考古学）の騎馬民族説で抜けているのは、交易との関係です。商売のため荷物を馬に乗せて運ぶのです。『日本書紀』の欽明天皇即位前紀を読みますと、秦大津父《はたのおおつち》が馬を使って伊勢と交易をしている話が書いてありますが、これは決して偶然ではない。しかも、ヲホド王にはたくさんの配偶者がいましたが、その一人に関姫という女人がいます。関姫の父は、茨田連《まんだのむらじ》小望《おもち》という人物です。この茨田連の勢力権は、南山背から枚方にかけての地域です。その娘さん、一説では妹ということになっていますが、茨田連出身の女性がヲホドの奥方の一人になっているということも理由があると思います。そして茨田堤は、『古事記』の仁徳天皇のところを見ますと、秦人が築いた。一方『日本書紀』で仁徳天皇十一年の是歳の条には新羅人が築いたとある。『新撰姓氏録』を読みますと、近くの交野《かたの》には交野忌寸、枚方には茨田村主《すぐり》という渡来系の人々が住んでいたことも明らかです。淀川水系の主要な場所であって、先進的な渡来の技術を持った人々がたくさん住んでいる地域であって、しかも、馬の文化がある。注目すべき地域でヲホド王が即位するということは、大変意味があると思っております。樟葉宮の即位というのは、それなりの理由があります。

## 百済王氏の役割

もう一つ、この枚方が古代史で重要な意味を持っているのは、次のような歴史です。百済が滅亡したのは西暦六六〇年。復興軍が起り、その復興軍を唐・新羅の連合軍が撃滅したのが六六三年。その年に最終的にペクチェ（百済）は滅びます。ペクチェの最後の王が義慈王で、お子さんに禅広（善光）と豊璋がいました。二人は日本に来ていましたが、豊璋は祖国復興のために帰国し、禅広は残ります。天智天皇の称制三年、西暦六六四年に、摂津国に禅広たちのために百済郡という新しい郡が置かれます。その禅広の孫に郎虞《ろうぐ》がいます。この郎虞は摂津亮《せっつのすけ》（次官）になっています。摂津の地域にも百済寺があり、百済尼寺があったことは事実です。

禅広の曽孫の敬福は重要な人物で、天平十五（七四三）年六月に東北の陸奥守になり、ずっと栄進していきます。天平十五年に東大寺大仏建立の詔が出て、そして八度にわたる鋳直しが行われ、天平二十一年にやっとできたんです。ところが上に塗る金がない。政府が困り果てていたとき、天平二十一年の二月に常陸守百済王敬福《きょうふく》が陸奥国から黄金九百両（総計）を献上したのです。『続日本紀』によると、天平二十一年の四月一日、聖武天皇自らが、東大寺大仏の前へ行って黄金が献上されたということを大仏に報告しています。この話は全国に伝わりましたから、当時、越中（富山県）の国司であった大伴家持が、『万葉集』に黄金献上を寿ぐすばらしい長歌を残しています。その長歌のなかに「海行かば水漬く屍」の歌詞が詠みこまれています。そして昭和十二（一九三七）年の国民精神総動員週間のラジオ番組のために信時潔《のぶときよし》によって作曲されたのがあの「海ゆ（行）かば」です。この百済王敬福の河内守のころに、百済王氏の本拠は、百済郡からこの枚方に移ります。ご当地には国の特別史跡の薬師寺式の伽藍配置であった百済寺跡、また百済王神社があります。

最近、発掘が行われて中宮の禁野本町から大きな井戸と邸宅の跡が見つかっていますが、これは百済王氏のゆかりの屋敷跡ではないかといわれています。この百済王敬福の孫に、明信という女性がいます。この人が藤原継縄《つぐただ》と天平勝宝六（七五四）年のころに結婚します。藤原継縄は藤原の南家（武智麻呂）の出身で、武智麻呂の子が有名な仲麻呂（恵美押勝）です。仲麻呂の兄の豊成の次男が藤原継縄です。この人は桓武天皇の信任を受け、大納言になり最後は右大臣になりました。

明信も桓武天皇に大変信頼を受け、尚侍すなわち内侍所の長官（女官の長で、女官の最高のポスト）になります。そして、百済王氏から九人の女性が桓武天皇の後宮に入った。百済王教仁は桓武天皇との間に太田親王という皇子を産んでいます。百済王貞香は駿河内親王という皇子を産んでいるというふうに、百済王氏と、桓武天皇の関係は密接でした。ですから交野郡、この枚方を中心とする地域ですが、十三回、行幸しています。例えば、延暦六（七八七）年十月、十年には、明信の夫の藤原継縄の別業を行宮にしている。そして六年には百済王の人たちに位を与えている。

この交野は枚方市の交野です。『続日本紀』を見ると、延暦九年二月の条に、この時の都は長岡京にあったのですが、桓武天皇が「百済王氏らは朕が外戚なり」との詔が出されています。このことも私は『帰化人』に書いておきました。今の陛下は、私の『帰化人』も読んでいただいておりまして、日韓ワールドカップの共催の前の年、二〇〇一年十二月誕生日を前に、桓武天皇の母、高野新笠《たかののにいがさ》の話をされ、百済王家と天皇家が大変ゆかりが深いということを、陛下自らがおっしゃったのです。

## 交野の郊祀

延暦四年と延暦六年には、この交野で郊祀《こうし》、天神を祀る祭りがなされている。郊祀は中国皇帝が冬至の日に執行する祭りです。中国では古くからあり、『周礼』の中に周の時代に十一月冬至の郊祀の記事があります。もっとも『日本書紀』を見ますと、神武天皇の四年二月のところに、神武天皇が郊祀を行ったという記事があります。しかしこれは『日本書紀』の編纂者が神武天皇の即位を合理化するために書いている記事です。その部分に天神を「皇祖天神」と書いていますが、それは潤色です。「申大孝」とか「霊時」と書いたりしており、中国の古典を参考に書いています。第一に郊祀は十一月で、二月ではありません。

斉明天皇五年の条に、伊吉連博徳《いきのむらじはかとこ》たちが中国へ行った遣唐使の記事がある。その『伊吉連博徳書《ふみ》』を読みますと、伊吉連博徳たちの遣唐使は、郊祀の祭りに参加したことが見えているにもかかわらず、奈良時代に郊祀が行われた形跡は全くないのです。桓武天皇が日本で初めて天帝を奉る郊祀を行った。これは間違いありません。そして、その場所を枚方市の片鉾本町のあたりとする説もあります。なぜ郊祀をしたのか、いろいろ考えられますが、桓武天皇は新王朝としての自覚を持っていた天皇です。その新しい王朝を意義づけるためには、中国の皇帝がやっている郊祀を、長岡京の南で行う。いわゆる天壇です。今でも北京に天壇公園がありますが、郊祀をやった場所です。天壇を築いて、この枚方で郊祀が執行された。その背景には百済王氏とのつながり、百済王明信と藤原継縄との関係があるということも注意する必要がある。

延暦十二年の十一月にも交野行幸が行われています。このときにも郊祀が行なわれた可能性がある。このように考えてきますと、継体大王の樟葉宮即位といい、桓武天皇の郊祀の実行といい、河内の枚方は、古代史における先進的な文化の香りの満ちあふれた、国際色豊かな地であったということを改めて確認することができます。

# 住吉大社と地域の文化

## 住吉大社の祭神

大社鎮座千八百年という意義深い年に、住吉の地域の皆さんがこのような講座をもたれることに、心から敬意を表します。今日は、住吉大神と地域文化との関わりあい、そして民衆の観点から住吉の歴史を考え、さらに東アジアの中の住吉さんを考えてみたいと思っています。全国各地の住吉社の総本社である住吉大社が、大阪の皆さんが「住吉さん」と言って親しむ古社です。

住吉大社に関する最も基本的な文献は、『住吉大社神代記』です。いつ書かれたものかについては、聖武天皇の天平三（七三一）年、桓武天皇の延暦八（七八九）年という説もありますが、私は坂本太郎東京大学名誉教授の考証された元慶三（八七九）年を少し下った時期という説を支持しています。その史料にも、神殿が第一宮から第四宮まであり、その祭神が第一宮は表筒男《うわつつのお》、第二宮は中筒男《なかつつのお》、第三宮は底筒男《そこつつのお》、そして第四宮は姫神宮とあり、祭神は気息帯長足姫《おきながたらしひめ》皇后（いわゆる神功皇后）と述べられています。表筒男の「ウハ」は表面を、「ツツ」は（港の）ということで、具体的には住吉の港のことです。また、男は男神のことです。そして注に、四つの社を奉斎するのが津守宿禰《つもりのすくね》（手搓見足尼《たもみのすくね》の子孫）である、と書いてあります。この津守氏の姓《かばね》は、天武天皇の時代に連《むらじ》から宿禰に変わっています。

## 西向きに建てられた神殿

今日も住吉大社にお参りしましたが、お参りする度に第一本宮・第二本宮・第三本宮が西を向いて、明らかに大阪湾の方向に向いており、第三本宮の南に第四本宮がある、という配置に感銘しています。「天子南面」の思想が伝わると、宮殿は南向きに建てられます。飛鳥の宮殿が南面して建てられているように、南北軸が大切なのです。平城宮の宮殿も南向きに建てられ、長岡京・平安京の宮殿も南北軸です。ところが、住吉大社は東西軸です。西から東を拝む形になっています。桜井市の纒向《まきむく》遺跡の調査で大変重要な遺跡が発掘され、現地にも行きました。三世紀前半、ちょうど邪馬台国卑弥呼の時代の、おそらく宮殿の跡ではないかと思っています。卑弥呼の宮殿かどうかはなお検証が必要ですが、現在発見されている三世紀前半までの中で一番大きい南北一九・二メートル、東西一二・九メートルの高床の建物（D）が見つかりましたが、これは吉野ヶ里遺跡で見つかっている最大の高床の建物の一・五倍になります。この大きい高床の建物を中心に、建物が（A）・（B）・（C）・（D）と四棟東西に並んでおり、古代の建築が東西軸で建てられたということを確認できました。

春日大社の現在の本殿は南面して建てられています。建てられたのは、神護景雲二（七六八）年とわかっています。天平勝宝八（七五六）年に描かれた東大寺正倉院所蔵の絵図（「東大寺山界四至図」）では、春日大社は「神地」と長方形で描かれ、春日山を西から東を拝む西向きの聖なる神地として描かれています。そして、発掘調査の結果、この図面と全く同じ場所から、八世紀前半のころの築地跡や瓦が見つかりました。春日大社も古くは西から東を拝む東西軸であり、纒向遺跡は中国の「天子南面」の思想が伝わる以前の伝統的な日本の建物配置のありかたを示唆していると考えています。大阪湾とのつながりもありますが、そういう意味で、住吉大社が東から西へと西を向いて神殿が建てられているのは意味深いと思っています。

## 記・紀に登場する住吉大神

難波の港・難波津が大阪湾の表玄関になるのは、天武六（六七七）年に摂津職《しき》が設けられたころからです。摂津職というのは、「津（港）を摂る（とる）」つまり難波の港を管理する役所です。

それ以前は住吉の津が大阪湾の玄関でした。そこに表筒男・中筒男・底筒男の三神を中心とする住吉大神の社が鎮座することは、住吉の神が大阪湾の地域の海民（海の民）の守り神として存在したことを物語っています。したがって住吉の大神を守る氏族の名前も、住吉の津（港）を守る津守連であり、港を管理する人々が住吉の大神を祀っているということになります。こうした海の民の守り神であった住吉の大神は、やがて朝廷の尊崇を受け国家の神として重要な役割を担うようになります。

『古事記』は和銅五（七一二）年の一月二十八日に、元明天皇に献上されていますので、二〇一二年は古事記千三百年になり、多くの催しが実施されました。その『古事記』には男神イザナキが、火の神を生んで亡くなった女神イザナミを慕って黄泉《よみ》の国へ行き、黄泉の国から戻ったイザナキが死のケガレ（気枯れ）を落とすために禊ぎをした際に、天照大神をはじめ多くの神々が誕生したことが書かれています。水底で身を滌《すす》いだ時に底津綿津見神《そこつわたつみのかみ》、底筒之男命《そこつつのおのみこと》が、中程で滌いだ時に中津綿津見神《なかつわたつみのかみ》、中筒之男命《なかつつのおのみこと》が、水面の表で滌いだ時に上津綿津見神《うわつわたつみのかみ》、上筒之男命《うわつつのおのみこと》が生まれ、この底筒之男命・中筒之男命・上底筒之男命、三柱の神が墨江《すみのえ》の三座の大神であると書いてあります。そして、三柱の綿津見神《わたつみのかみ》は阿曇連《あずみのむらじ》らが祖神《おやがみ》（祖先神）としてもち齋《いつ》く（仕える）神であると興味深いことが記されています。阿曇連《あずみのむらじ》は漁民で、その祖先の神として綿津見神《わたつみのかみ》が祀られているというわけです。日本の神はキリスト教やユダヤ教、イスラム教の神と違い、あらゆるものにカミを見いだし、海には海の神、山には山の神がいるように信じてきました。本居宣長が古事記研究の最も基本になる『古事記伝』の第三巻で、古典に見える神、国々の社《やしろ》に祀られている神、鳥・獣・木・草のたぐいや海山など、「その余何にまれ、尋常《よのつね》ならずすぐれたる徳のありて可畏《かしこ》きもの」を神という、と神を定義しています。これはすばらしい定義だと思います。日本の神は八百万《やおよろず》の神であり多神教であるという宗教学者がいますが、私はあらゆるものに神を見いだす汎神教《はんしんきょう》であると思っています。綿津見神《わたつみのかみ》のワタは朝鮮語の海（パタ）から来ていることは間違いなく、その海の神が漁民である阿曇連《あずみのむらじ》の祖先の神様であると書いており、漁民が海の神様を祖先神として祀っていることを示しています。住吉の神についても港を守る海民のリーダーの津守連が、海の守護神である表筒男ら三神を祀っていることがわかります。

養老四（七二〇）年の五月二十一日に奏上された『日本書紀』にも、住吉三神のことが書かれています。記・紀（『古事記』と『日本書紀』）と言われますが、その記述されている内容には違うところが多くあります。例えば、分量は『日本書紀』の方が多いのですが、『古事記』（上巻）には二六七神、『日本書紀』（巻第一・巻第二）には一八一神が登場します。また住吉大社は辛卯の卯日に創建されたと伝えられており、兎とのゆかりもありますが、有名な因幡の白兎の神話は、『古事記』にしかありません。また、黄泉の国の神話は『日本書紀』では本文にはなく、「一書（別伝）」にしか出てきません。その「一書」にイザナキが海底に沈んで身を濯《すす》いで底筒男命が、潮の中に沈んで濯ぎ中筒男命が、潮の上に浮き濯いで表筒男命が生まれ、この三神が即ち住吉大神であり、奉斎したのは津守連であると記載されています。嵯峨天皇の弘仁六（八一五）年に完成した『新撰姓氏録《しんせんしょうじろく》』には、山城・大和・摂津・河内・和泉の一一八二氏族の祖先の伝承が記されています。その中に依羅《よさみ》の津守連が出てきますし、『日本書紀』の仁徳天皇四十三年九月の条にも依羅の阿珥古《あびこ》という人物が登場してきますが、今、東住吉区に我孫子町《あびこ》があります。依羅の津守連として登場する津守連は我孫子町あたりから、松原市までを勢力範囲とし、その背景は大阪湾を生活の舞台にする海の民であったことが、『新撰姓氏録』などから推察されます。

## アジア外交での住吉大社の役割

海の守り神・港の守り神は同時に外交の上でも重要な役割を果たすことになります。遣唐使は舒明天皇二（六三〇）年から承和五（八三八）年まで十七回計画され、実際には十五回入唐しています。うち迎入唐使（中国へ入ったが帰ってこれない遣唐使を迎えに行く）と送唐客使（唐の使節を送っていく）を除けば、正式の遣唐使は十二回ということになります。これに、住吉の神主が随行していることが『住吉大社神代記』、『日本書紀』などからわかります。遣唐使も六回までの前期と七回以降の後期とでは性格が非常に違います。六五三年の二回目に続き六五四年に三回目が派遣されるなど、前期は短期間に繰り返し派遣されているのに対し、後期はおおむね二十年、長い場合は三十年の間隔で派遣されています。それはなぜか、東アジアの動きの中で考えなければ、遣唐使の問題も、随行した住吉大社の神主津守連の役割もわかりません。唐の高宗が永徽《えいき》二（六五一）年に新羅を助けて、まず百済を、続いて高句麗を滅ぼすという、当時対立していた朝鮮三国に対する重要な政策を出していることが『新唐書』や『資治通鑑《しじつがん》』からわかります。この情報に慌てた倭国は、状況の偵察をかねて六五三年・六五四年・六五九年・六六五年と相次いで遣唐使を送っています。事実六六〇年に百済が滅び、復興を応援した倭国の軍隊は、六六三年白村江《はくそんこう》の戦いで大敗北を喫します。そして、六六八年には高句麗が滅ぼされます。前期の遣唐使は朝鮮半島の支配をめぐる、極めて政治的な目的を加えて派遣されているというような状況があり、後期の遣唐使は、安定的で文化の導入に主目的があったと言えます。

遣唐使と並んで大事なのは遣渤海使《ぼっかいし》です。神亀五（七二八）年から弘仁二（八一一）年まで十五回使節が行き、渤海からは三十四回来ています。唐からの使節が九回（正式に国書を持参したのは八回）です。また、新羅からの使節・新羅への使節は渤海の場合よりはるかに多い。遣唐使だけで古代の東アジアの外交を論じては不十分です。高校の教科書に渤海使や遣渤海使が書かれないことは残念ですし、国際的なシンポジウムなどで遣唐使ばかりが話されるのは間違いです。遣渤海使にも津守の神主は同行していました。それに類似した例は『魏書』（『魏志』）の倭人の条の「持衰《じさい》」にもうかがえます。

『万葉集』の遣唐使を歌った歌に、住吉の神が守り神として歌われ、遣唐使が住吉の港から船出することが歌われています。この船出の歌に、「日の入る国」（巻第十九、四二四五）と中国を呼んでいます。推古天皇十五（六〇七）年に聖徳太子が国書を送り「日出づる処の天子、書を日没する処の天子に致す、恙《つつが》なきや」と書いてあったので隋の煬帝が激怒したと『隋書』にあります。これは、よく言われるように中国を「日没する処」と呼んだから激怒したのではなく、東夷（東のエビス）の倭国が「天子」を名乗ったことに激怒したのです。

## 「アラヒトガミ」と謳われた住吉大神

『万葉集』の歌を見るにつけ、思い出すことがあります。昭和十七（一九四二）年、満洲国が建国されてから十周年となりました。当時文学関係者も戦争に協力するということになって組織された文学報国会の久米正雄事務局長が、新聞に満洲国皇帝溥儀を「アラヒトガミ」と書き大問題となりました。天皇のみが使う「アラヒトガミ」を満洲国皇帝に使うとは「不敬」であると、軍部も警察も久米正雄を弾劾しました。その文学報国会の理事であった、私の恩師の一人でもある折口信夫先生が、ひとり弁護にたたれ、『万葉集』の巻第六、一〇二一の「住吉の荒人神の船の舳《へ》に」の歌を引用して、天皇だけを「アラヒトガミ」といったのではない、住吉の大神を現人神と謳っている例があると擁護されました。

ついでに言えば『日本書紀』の雄略天皇四年二月の条に奈良県御所市に祀られている葛城の一言主神《ひとことぬし》（地元でいちごんさんと親しまれている）が『日本書紀』では「我は現人之神ぞ」と言って現れる例があります。

折口信夫先生は大阪府西成郡木津村の出身で優れた国文学者であり、柳田国男先生の第一の高弟ですぐれた国文学者・民俗学者であり、歌人・作家の釈迢空としても有名です。

## 渡来人も尊崇した住吉大神

『新撰姓氏録』によれば、日本の表玄関でもあった住吉津・難波津があったので、朝鮮半島などから摂津国に二十九、河内国に五十六、和泉国に三十、計百十五の渡来系の氏族が住みついています。『新撰姓氏録』には摂津国に朝鮮半島から移り住み漁業を営む韓海部首《からのあまのおびと》という氏族がいることもわかります。『日本書紀』の仁賢天皇六年是秋条にも韓白水郎《からのはくすいろう》とあります。白水郎とは海部のことです。これらの人達も住吉の神を海の守り神として仰いだことは十分想像できます。

国家の神としての住吉の大神の役割は大きいのですが、民衆の神、地域の守り神、特に海民の守り神として果たされた役割、そして、アジアの外交に活躍された役割も大きい。大阪湾には朝鮮半島から来た人々が古代から数多く住んでいたことを思い起して頂きたい。

# 『播磨国風土記』と播磨の人びと

## 東西南北の十字路

「京都人の京都知らず」という諺があります。京都には日本の国宝の約二〇パーセント、重要文化財の約一五パーセントがありますが、京都の人はそういうものはあまり見ずに、善光寺へ参ったり、こんぴらさんへ参ったりするわけです。昭和二十五（一九五〇）年に鹿苑寺（金閣寺）が焼けましたが、そのあと再建されてから見に行った京都人が約七割。つまり、約七割の京都人が昭和の金閣を見に行ったのであって、室町時代の足利義満が建てた金閣を見た京都人は三割にすぎないということです。これは大阪も同様で、大阪の府民講座で「大阪人の大阪知らず」という私の講演会が開かれたほどです。

播磨の皆さんは播磨のことをよくご存じだと思いますし、ましてや、この播磨学講座を受講される方は充分ご存じだと思いますが、しかし地域の問題というのは、調べていけばいくほど、味が出てくるものです。いままで知っていると思っていたことでも、実際は知らなかったこともあります。

「観光」という言葉は、中国の五経のひとつ『易経』に出てくる言葉で、「観国之光」という用語に由来します。つまり観光とは、名物を食べたりお酒を飲んだりしてレクリエーションすることが本来の意味ではなく、それぞれの国の歴史や文化の輝きを観る、ということなのです。姫路へ観光客が来たとき、姫路にはこんなにすばらしい文化があります、こんなにめずらしい風俗がありますと、他の国の人々に姫路の光を観せる、それが「観光」の本来の意味です。

そういう点からも、播磨学講座はまさしく、「観光」の講座ではないかと私は思っています。播磨の国の歴史や文化、産業や風俗の輝きを知って、その知識を、他の国から来た皆さんに教える。そのように受けとめまして、この講座が姫路獨協大学で開かれることは、たいへん意義深いと考えています。

さて、兵庫県は、日本ではめずらしい県です。まず、旧の五つの国から成り立っています。北の、日本海に面した但馬。香住や城崎などがあります。それから瀬戸内海に面した播磨があります。そして摂津国の西部。丹波国の氷上・多紀二郡。さらに淡路島の淡路国。五つの国にまたがっているような県は、日本国中どこを探してもありません。播磨国の西の地域は、古くは「吉備国」と呼ばれていました。吉備国は、備前・備中・備後と分かれ、備後は広島県、そして備前から美作が独立し、岡山県は、備前・備中・美作の三つの国から成り立っていますが、それでも三つです。また、北陸の地域は古くは「越国」と申しましたが、ここも越前国、越中国、越後国と三つに分かれました。そして、越後は新潟県、越中は富山県、越前は石川県から福井県にかけてです。このように、ひとつの旧の国がひとつの県あるいはいくつかの県であったり、複数の旧の国から成り立っている県でも、せいぜい三つの国ぐらいということで、兵庫県のように五つの国で成り立っているところは、他にはない。これは、兵庫県の文化を論ずるときに、最初に考えておく必要があります。非常に多様性があるということです。たとえば、但馬弁は、皆さんの播州弁と同じ兵庫県の言葉ですが、かなり違います。播州の言葉だけを取り上げて単純に「これが兵庫県の言葉だ」ということはできないわけです。

二番目に、私が兵庫県について注目しているのは、そのように五つの国から成っていて、日本海と瀬戸内海の両方に面していますから、両方の文化が入ってきているということです。瀬戸内海を媒介にして太平洋ともつながっていますから、日本海と、瀬戸内海、そして太平洋と続いている県であるということです。これも日本の都道府県のなかでは大変めずらしいことで、とても重要なことです。

「日本海」という海の名称がいま、竹島問題をきっかけとして改めて問題になっています。これははじめてのことではなく、前にも述べたことがありますが、一九九〇年ごろ、堺市出身の代議士で当時外務大臣の中山太郎さんが、私が学長を務めていた堺市にある大阪女子大学まで、突然電話されてきたことがありました。それは、国連の地名会議での答弁の相談のためでした。国連地名標準化会議という会議で、「日本海」という名称が日本帝国主義によるものだということで、韓国や北朝鮮が問題化しようとしているというのです。つまり、「日本海」とは、日本帝国主義がつけた名称であってけしからん、「東海」と呼ぶべきである、という主張です。私は、外務省には優秀なお役人がたくさんいるはずなのに、そんなことに反論できる知識のある人もいないのかと思いました。外国のことはよく知っていても、日本のことを知らない外務官僚が非常に多い。残念なことです。

「日本海」という名称は、日本帝国主義がつけたのではありません。北京に来ていたイタリア人のイエズス会宣教師マテオ・リッチ（一五五二〜一六一〇）が、一六〇二年、北京で「坤輿《こんよ》万国全図」という世界地図を描きましたが、そこにはっきり漢字で「日本海」と書いています。もしかしたら一六〇二年以前にもすでに「日本海」と呼ばれていたかもしれませんが、残念ながら史料がありません。そして、十七世紀、十八世紀、とくにヨーロッパの宣教師のあいだで、「日本海」という名称が広まっていきます。

日本人でいちばん最初に「日本海」という名称を使った人は、時代は遅れますが蘭学者の山村才助（一七七〇〜一八〇七）です。新井白石（一六五七〜一七二五）が、日本に来たイタリア人宣教師シドッチと会見して外国の地理や風俗についていろいろと書いた『采覧異言』という本がありますが（「異言」というのは、シドッチの言葉をもとに書いたということです）、それに山村才助が新たに手を加え、享和二（一八〇二）年に『訂正増訳采覧異言』を出しました。その付図に、「日本海」という名称が使われています。つまり、十九世紀のはじめに、日本人も「日本海」という名称をはっきりと書いているわけです。

それなのに、国連の会議で「『日本海』は日本の朝鮮侵略、中国侵略のなかでつけられた名前だ」と言われて、日本の外務官僚が「困った、大臣、どうしますか」とでもなったのか。大臣が大阪女子大学の学長へ電話してこられる。日本のことを何も知らないで、外交ができるはずはありません。国際化ということを、日本人の多くが間違えて、外国のことを知ることや、英語や独語あるいは中国語などがしゃべれることだと思っているようです。しかし、相手を知るのも国際化ですが、己を知るということも国際化なのです。

外国の人たちと会話すると、日本のことを質問されます。フランス人が私にフランスのことを質問することはありません。公の国際会議場で、私の専門は古代史ですが、日本の古代の話などにヨーロッパ人は興味がないので、やはり明治維新や、日本の近代化について、どう思うかと聞かれるわけです。私は私なりの見解を答えます。公の場で日本について間違った発言をされたら、ただちに手を挙げて、「それは間違いですよ」と言わなければならないのです。そのときに言わないといけません。明くる日に言うようでは、負けです。「調べてからお答えします」などと言う人が多いですけれども、それではだめです。とくに対談や座談会・討論のときはそうです。

中国や韓国や北朝鮮の諸君が日本海を「東海」と言うのは勝手です。けれども、日本人にとって日本海は北側にあるのに、日本人が「東海」などと言って、いいのでしょうか。また、一国の名前が公の海についた例はないという反撃もあったそうです。それなら、インド洋などはどうなるのか。

「日本海」を日本では古くはどう呼んでいたかというと、『出雲国風土記』や『備後国風土記』逸文、あるいは『日本書紀』の垂仁天皇二年の条などを見ますと、「北つ海」と書いてあります。日本列島の北の海ですから、これは当たり前です。これを「東海」と言えなどというのはとんでもないことであって、反対しなければなりません。

その日本海の文化と、さらに瀬戸内海・太平洋の両方の文化が、この兵庫県には入っているわけです。東西南北の十字路に位置しています。

## 瀬戸内海の歴史的意義

二〇〇六年二月二十五日に四国の松山で、全日空が瀬戸内海のシンポジウム「文化回廊としての瀬戸内海」を開きました。日本画の平山郁夫先生は広島県の瀬戸内海の島（生《い》口《くち》島）で生まれた方で、瀬戸内海はふるさとですから、平山先生が基調講演をされました。私も招かれて討論をして、三月十五日付の『朝日新聞』全国版に二面を割いて大きく報じられました。この瀬戸内海の文化についても、もう少ししっかり考えてみる必要があります。とくに、播州の問題を考えるときには、瀬戸内海は非常に大事です。

「養老令」という、日本の古代の法律があります。大抵の辞書や教科書には「養老二（七一八）年に完成」と書いてありますが、私はこの通説には疑問をもっています。原本は残っておりません。原本が残っていればこういう論争は起こらないのですが、写本しか残っていないのです。

養老三年にできた、官僚が笏をもつという規定（官人把笏の規定）があります。ところが、現在の写本にはこれが書いてあるわけです。養老三年にだされた把笏法令の内容が、養老二年にできたとされるものに書いてあるのはおかしいでしょう。これだけではなく、もう三つぐらい理由があるのですが、私は養老五年ごろに最終的に完成したのではないかと思っています。私の書いた本に、「養老令は養老年間に成立した」と曖昧に書いているのは、こういう理由があるからです。

「令義解《りょうのぎげ》」は、天長十（八三三）年にできた「養老令」の注釈書です。そのなかに「関市令《げんし》」という法律があります。関所や市場の管理運営、外国人との貿易、度量衡などを規定した法令で、その条文にこのようなものがあります。

「若船筏経関過者、謂長門及摂津。其余不請過所者、不在此限。亦謂過所。」

長門とは山口県の下関、古くは赤間関といいました。摂津は大坂（阪）の港、難波津です。「大阪人の大阪知らず」の例ですが、なぜ「摂津」という国名がついたのか、知らない大阪人が大部分です。これは、難波の津（港）を摂る、「難波津を管理する」ということです。それが摂津国の国名の由来です。つまり、下関の港と難波の港を通るときは、過所（通行証明書、パスポート）が要る、パスポートを請求せよ。その他の港では要らない、ということです。

日本はまわりを海で囲まれている国ですが、古くから開かれていました。わが国がモデルにしたのは中国の法令でしたが、過所の規定は唐の法令にもあり、港に入るときは多くの港で、過所が要るわけです。一方、わが国で過所が必要だったのは、瀬戸内海の入口の長門と、終点である摂津だけで、その他では要らないのです。どこからでも入ってこられました。わが国の文化が海外に対して非常に開かれていたことが、この例ひとつでわかります。

いま私たちは「島国根性」という言葉を、いい意味では使いません。「あの人は島国根性だ」というと、了見が狭く、人の悪口ばかり言って、こせこせしている、という意味です。しかし、古代人の島国根性は、開かれていたわけです。島国で海岸線が長く続いていますから、こんなところに万里の長城を築くわけにいきません。だから海外の文化が、南島からもユーラシア大陸からもどんどん入ってくることになりました。これはよかったと、私は思っています。古代の島国根性と近代の島国根性とは違っていたのです。

この法律からはまた、瀬戸内海が非常に重視されていたということもわかります。瀬戸内海をとくに重視していたから、入口と終点には通行証明書が必要だったわけです。

もちろん、山陽道、南海道、東海道などといった、政府の官道である陸路も重視されていました。道路というものは今でもそうですが、昔から、国内の人のためだけではなく、外国を強く意識してつくられ、整備されるものでした。外国の使節が来たときに、道がきれいで立派だと、「この国はすばらしいな」と思われるからです。また、戦争のときにも、道路を掌握することは海路よりも簡単です。さらに、陸路で物を運ぶほうが安全です。

一方、海路は海賊も出ます。あっちの島にいるかと思えば、こっちの島にもいて、軍事的にも不安定です。ところが輸送は、たとえば、大坂から九州・大宰府まで何かを運ぶとすると、馬や荷車より船のほうが速く、運賃が安いのです。ですから、瀬戸内海は古くから、交通の非常に重要な場所として注目されていました。

そして、播州の発展も、その瀬戸内海と密接な関係があるのです。今までの日本の歴史は、日本列島は島国だから、この島国のことだけ調べていたらわかると思われて、そのように教えてきましたし、また、習ってもきました。しかし、これでは日本の歴史の本当の姿はわかりません。私は、『海から見た日本の歴史』あるいは『アジアから見た日本の歴史』という本を、死ぬまでに書きたいと思っています。今までの日本の歴史の多くの見方は、とかく日本の内側からみているものが多く、外から、海からの視点はあまりありませんでした。私は、大阪女子大学の学長を務めた縁で、それまではあまり縁のなかった堺市の顧問をしていますし、大阪府立の大学だったので、大阪府に意見を言ってほしいと言われて、大阪府立中央図書館の名誉館長も引き受けています。また、姫路文学館の館長も、戸谷市長のときにお引き受けして以来、今も務めています。海から堺市や大阪を考えて、それで姫路に来るようになって、「なるほど、播州にはこういう問題があるか」と、つまり、海から見た播州のありようもわかるようになったわけです。

## 『播磨国風土記』の特色

『播磨国風土記』は、姫路文学館の館長になる前から何度も読んでいましたが、就任してから読み直すと、姫路文学館の館長の眼で読みますから、同じことが書いてあるのですが、読みの深さがより深くなってくる。

『日本書紀』は俗称で、『日本紀』というのが、正式な書物の名前です。その『日本紀』には神代から持統天皇の代まで（〜六九七）のことが書かれています。その続き、文武天皇の即位元年から桓武天皇の延暦十年までを書いた勅撰の歴史書が、『日本紀』に続く歴史書、『続日本紀』です（六九七〜七九一）。このころのことを調べようと思えば、まず『続日本紀』を読まなければなりません。その和銅六（七一三）年五月二日のところに、風土記編纂の命令が出ています。

「制。畿内七道諸国郡郷名着好字。其郡内所生。銀銅彩色草木禽獣魚虫等物。具録色目。及土地沃塉。山川原野名号所由。又古老相伝旧聞異事。載于史籍亦宣言上。」

最初から問題があります。「制」とあります。天皇が出す命令の場合は「詔に曰《いわ》く」あるいは「勅に曰く」あるいは太政官などは「符に曰く」というように書かなければならないのに、これは「制」と書いているわけです（宮内庁蔵谷森本）。この「制」という字で出すのは、弁官、太政官の下の役所の命令です。

まず、国、郡、郷の名前は好い字をつけなさい、ということで、実際に字を変えました。この命令が出る一年前の和銅五年正月二十八日に完成したという『古事記』では、和歌山の紀州は「木国」と書かれていますが、和銅六年以後、この命令が出てからは「紀伊国」と変わりました。日本の国名は薩摩、大隅、肥前、肥後、長門、周防、出羽、陸奥などすべて二字ですが、和銅六年の段階で好字二字に変わったものが多いのです。

次に、その郡のなかで生ずるものを記録しなさい、とあります。「銀銅彩色」とあって、なぜか金は書かれていません、金の出る場所が非常に少なかったからだと私は思っています。しかし実際には東大寺大仏造営のころの天平二十一（七四九）年、東北の陸奥で金が見つかっていて、当時陸奥守であった百済王敬福《きょうふく》が黄金を献上したという記事もあります。そのように、のちには金山も見つかるのですが、ここには金は書かれていなくて、銀、銅、彩色、草木、禽獣、魚虫等は、色目（種類）に記録しなさい、とあります。

それから三番目に、その土地が肥えているかやせているかについて、四番目に、山川原野の名号の所由（由来）について記録しなさい。そして最後に、お年寄りの皆さんが伝えてきた古い事柄は史籍に載せて言上しなさい、と命令が出たのです。

この命令には『風土記』という書名はもちろんありませんし、各国からこれに応えて言上した風土記の古写本にも、『風土記』という書名はついていません。たとえば出雲国であれば「出雲国」、播磨国であれば「播磨国」としか書いてありません。これは、各国々から中央政府へ上申した上申文書の「解《げ》」で、例えば常陸国の場合は「常陸国司解」と書かれています。『風土記』という書名が使われるようになるのは、平安時代になってからです。

各国でいわゆる風土記の編纂が始まり、『播磨国風土記』がいちばん早くできました。『常陸国風土記』の完成は、養老三（七一九）年から養老六、七年のころ、『出雲国風土記』は天平五（七三三）年二月、肥前国や豊後国の『風土記』は天平十一年の末までにできましたが、『播磨国風土記』は郷里制施行以前の霊亀三（七一七）年の三月までに完成したことがわかっています。和銅六（七一三）年の命令から三年足らずのあいだに完成しているのです（ただし赤（明）石郡・赤穂郡は現伝せず）。

『播磨国風土記』にはいくつかの特徴があります。ひとつは、この風土記ほど土地の沃瘠《よくせき》をくわしく書いている風土記は、他にないということです。たとえば印南郡大国の里という村が出てきますが、この「里」とは行政村落です。一方、ただ「村」と書いてあるのは行政的に組織されていない自然村落です。「里」は、五十戸一里制で編成され、そして地味を上中下に分け、これをまた三等分して九つに分類したわけです。土地が肥えているいちばんいいところが上上。それから中中とか中下とあるわけで、そういった土地の沃瘠をそれぞれの里について書いているのです。

これはめずらしく、『常陸国風土記』でも『出雲国風土記』でも、これほどくわしく書かれていません。『出雲国風土記』は、たった四カ所についてしか書いていないのです。なぜ『播磨国風土記』はこんなにくわしく土地の沃瘠について書いたのでしょうか。それは、土地が豊かだったからでしょう。書けるということは自信があるからで、風土記編纂者たちは土地の豊かさに自信をもっていたから、書いたわけです。私もいつも、姫路は海の幸にも山の幸にも恵まれているなと実感していますが、こういうところは日本全国そうざらにはありません。そして実際、古くから豊かな土地であったのです。

**表1　大王・天皇の世**

| 漢風諡 | 御字名 | 回 |
|---|---|---|
| 応神 | 品太天皇 | 9 |
| 仁徳 | 高津宮天皇 | 5 |
| 景行 | 大帯日子（毘古）天皇 | 2 |
| 欽明 | 志貴宮御宇天皇 | 2 |
| 成務 | 高穴穂宮御宇天皇 | 1 |
| 雄略 | 大長谷天皇 | 1 |
| 安閑 | 勾宮天皇 | 1 |
| 推古 | 小治田河原天皇 | 1 |
| 孝徳 | 長柄豊前天皇 | 1 |
| 天智 | 近江天皇 | 1 |
| 備考 | 宇治（菟道稚郎子）天皇御世（1）<br>庚午年宍禾郡石作（旧伊和）里<br>浄御原朝廷甲申年七月 | |

次に、天皇がおいでになったという伝承、天皇の巡幸伝承がもっとも多い風土記です。『出雲国風土記』には天皇巡幸伝承がひとつもありません。『豊後国風土記』や『肥前国風土記』には景行天皇が来られたことが『日本書紀』を参考にして書かれています。表1（「大王・天皇の世」）に掲げましたように、大王・天皇の世を明記している例がかなりあります（『常陸国風土記』では、ヤマトタケルノミコトを「倭武天皇」と二カ所に書き、『播磨国風土記』では仁徳天皇の弟菟道稚郎子《うじのわきいらつこ》を「宇治天皇」とし、「宇治天皇の御世」と記す）。

そこにあるように、天皇巡幸伝承では、五世紀前後、五世紀のはじめごろの応神天皇と仁徳天皇が、圧倒的に多いのです。この時期は日本歴史において注目すべき画期的な時期に当たっており、この時期の天皇巡幸伝承が多いというのは、播磨がいかに時の朝廷から重視されていたかということを反映しています。

とくに注目すべきは『播磨国風土記』賀古郡の冒頭に記す日岡の比礼墓をめぐる伝承です。大帯日子命（景行天皇）が印南の別嬢を妻問いする説話を中心とする伝えで、城宮《きのみや》でなくなった別嬢の墓を日岡に作ったことを主題にしています。別嬢の遺体をかついで印南川（加古川）を渡る時に、竜巻が川下から巻きおこってその遺体を川中に纏《ま》きこんだが、ただ匣《くしげ》と褶《ひれ》のみが残ったので、この二つをその墓に葬ったと物語ります。すなわち比礼（褶）墓の由来譚として収録されているわけです。

この説話には道教の屍が解けて神仙になる「尸解仙」的要素も重なっていますが、私が注目するのは、大帯日子命が印南の別嬢を妻問いする時、「八咫の剣の上結に八咫の勾玉、下結に麻布都の鏡を繋けて」という描写です。そのいでたちに「三種」のレガリア（神璽）がみえることは、まことに貴重です。

『日本書紀』によれば、六世紀のはじめ継体天皇が即位した伝えでは「鏡剣の璽符」の二種と明記し、持統天皇四（六九〇）年正月の正式の即位のおりに「神璽の剣・鏡を皇后（天武天皇の鸕野《うの》皇后・持統女帝）に奉上」したとあるのをはじめとして、「大宝令」・「養老令」や『古語拾遺』などにもはっきりと記述するとおりです。レガリアを「三種の宝物（剣・鏡・玉）」とするたしかな例は冷泉天皇から後深草天皇までの編年体の記録である『百錬抄《ひゃくれんしょう》』の後嵯峨天皇即位の仁治三（一二四二）年正月の条の「三種宝物」の記事からであったことが注目されます。

そのように、『播磨国風土記』には重要なことがいろいろと書いてあります。今日のテーマからは外れますが、聖徳太子に関する記述もそうです。

近年、「聖徳太子は実在しない」という論を主張している研究者がいます。本も出ていますし、『朝日新聞』が記事にしたりもしましたので、話題になりました。マスコミというのは、たとえば古墳の発掘でも巨大古墳の発掘や黄金などの副葬品が出ると大きく報道しますが、中小古墳の発掘や珍しいものが出ないと、報道しません。しかし、中小古墳は価値がないのかというと、必ずしもそうとはいえず、そういう古墳でも、価値が高い例はかなりあるのです。古墳でもそうですから、それが、常識破りの「太子はいなかった」という説となると、センセーショナルに扱われるのです。

その説では、『日本書紀』では聖徳太子についてありもしなかったことが美化されて書かれている、ということですが、『日本書紀』の太子像が潤色されていることは、多くの先生方が論証してきたし、私もずっと指摘してきました。また、「聖徳」という名前がついたのは聖武天皇の后で、天平元（七二九）年に皇后となった光明皇后のころすなわち天平時代だとも書かれていますが、『播磨国風土記』の印南郡大国の里のところには、「聖徳王の御世」とはっきり書かれています。つまり、厩戸皇子は霊亀三（七一七）年のころまでには「聖徳王」と呼ばれていたことが、『播磨国風土記』によって、証明できるのです。

そこには「聖徳王」とはっきり書いてあって、『播磨国風土記』がいつできたかというと郷里制施行以前の霊亀三年の三月までのあいだです。それを、天平の光明皇后のころになってはじめて聖徳という称号がついたというようなことを学者が書けば、知らない人は本当かと思うわけです。

## 古代播磨の渡来の人びと

さらに、『播磨国風土記』ほど、海外からこの国にやって来た人のことをくわしく書いている『風土記』はほかにありません。「渡来の人びと」という表（表2参照）に整理して書きました。飾磨郡、揖保郡、賀毛郡に渡来伝承があり、なぜか、讃容《さよ》郡、宍禾《しさわ》郡、託賀《たが》郡、美嚢《みなぎ》郡にはありません。

渡来してきた人を調べてみると、朝鮮半島の人が非常に多いのです。韓人とあるのは、朝鮮半島南部の人です。漢人と書いてあるのは加耶、現在でいえば慶尚南道あたりや百済系の人びとです。新羅は慶尚北道が中心です。それから四国が対岸にありますから、讃岐から来た人、伊豫国から来た人がいます。さらに筑紫（北九州）、日向（宮崎県）から来た人、これらは歩いてではなく、すべて瀬戸内海を媒介に船に乗って播州に来たわけです。

このように、瀬戸内海は山陽道の地域と四国・九州とを結んだ海として重要だったわけですが、それを示す史料は、いくらもあります。少し例を挙げておきますと、日本最古の仏教説話集『日本霊異記』に、讃岐の人が安芸国（広島）の深津の市に牛を買いに行った話があります。船に乗

表2　渡来の人びと

| 郡 | 内容 |
|---|---|
| 飾磨 | 韓人（韓室首ら上祖を含む）（3）<br>讃芸（伎）国の韓人等、弥濃郡の人（2）<br>新羅国人<br>但馬国朝来の人<br>伊豫国英保の人<br>筑紫国火君らの祖<br>△倭の穴无（師）神の神戸<br>△意伎（隠岐）・出雲・伯耆・因幡・但馬の国造喚人水手 |
| 揖保 | 出雲国人（3）（別伝讃伎国人（1））<br>川内国泉郡人・河内国茨田郡　枚方里の漢人（2）<br>漢人の祖<br>伯耆国人<br>因幡国人<br>筑紫の田部<br>大倭の千代勝部ら<br>宇治連らの遠祖<br>呉勝1列（紀伊国名草郡大田村→攝津国三嶋加美郡<br>大田村→揖保大田村）<br>石海（石見）の人<br>韓人<br>漢人<br>△桑原村主ら（一云在地） |
| 賀毛 | 日向の肥人 |

※讃容郡・宍禾郡・託賀郡・美嚢郡の各郡なし
※揖保郡神嶋の条に新羅の客船漂着・水没の記事あり
※託賀郡賀眉の里の条に、明石郡大海里の人移住

って牛を買いに行き、船に積んで帰ってきたのです。

山陽道の地域は四国に向かってだけ、開かれていたわけではありません。古くから播磨国は、瀬戸内海を媒介にして外国に対しても開かれていました。この「渡来の人びと」の表は、播磨国がきわめてインターナショナルであったことを物語っています。

たとえば、アメノヒボコ（天之日矛、天日槍）の伝承が非常にたくさん出てくるのです。アメノヒボコは朝鮮半島の新羅の国の王子と伝え、日本へ渡ってきたことになっています。『古事記』『日本書紀』にも出てきますし、『肥前国風土記』『筑紫国風土記』『摂津国風土記』逸文、もちろん『播磨国風土記』にも、『古語拾遺』にも出てきます。

『播磨国風土記』がおもしろいのは、播磨にはいまも一之宮の伊和神社がありますが、アメノヒボコがその伊和大神と土地を奪い合って争う、という伝承があることです。つまりその説話から、播磨では、来た人をすべて歓迎したのではなくて、その間には軋轢もあったことがわかります。神さまそのものが来たのではなくて、その神を奉じている人びとが来たと考えるほうがいいと私は思いますが、アメノヒボコに代表される集団と、伊和大神を信仰する人たちとが争ったのでしょう。

いつごろ来たか、学説はいろいろありますが、私は五世紀頃と考えています。アメノヒボコの伝承は、鉄の文化や、朝鮮のやきものに由来する須恵器文化と関連しています。それまで日本は登り窯を使っていませんでしたが、須恵器は登り窯を使います。アメノヒボコのお供をした従者のなかに陶人《すえびと》が出てきますが、それは偶然ではなくて、アメノヒボコは、鉄の文化と須恵器の文化を日本にもたらした渡来の集団とつながりがあると考えられます。そのアメノヒボコの伝承が、『播磨国風土記』には多い。

アメノヒボコ以外にも、神々の巡幸伝承もあります。飾磨郡に豊国（大分県）や筑紫国の神々も渡来しました。それらは勧請《かんじょう》と関連します。あるいは宗像《むなかた》の奥津島比売命と伊和大神が結ばれます。福岡より東北の、沖ノ島の沖津宮、筑前大島の中津宮、旧玄海町の辺津宮の三社から成る宗像大社があり、そこに祀られているのが宗像の三女神ですが、その奥津島比売命と伊和大神が結ばれて子神が誕生します。これもたいへん重要な伝承です。つまり、播州で信仰されている神と玄界灘の沖ノ島の宗像の神が婚姻するという伝承で、婚姻の信仰の広さを示唆しています。

あるいは託賀郡に花波山という山があって、なぜその名前がついたのかという由来を書いています。それは、おそらく勧請でしょうが、近江国（滋賀県）の花波の神をお迎えした、そのためだと書かれています。

この表にもあるように、播磨国のなかで移住するという史料ももちろんあります。たとえば、「託賀郡賀眉《かみ》の里」の条に、「明石郡大海《おおみ》里の人」の移住が記されています。あるいは難船する伝えもあります。例えば、揖保郡の神嶋の条を見ると、新羅の客船が来たけれども、水中に船が沈んでしまった、だから渡来したけれども結局上陸できなかったという記事もあります。

このように見てくると、播磨の地域の歴史と文化がいかにインターナショナルであったかがわかります。

## ルーツ（起源）論とルート（形成）論

いま、「ルーツ論」というものが大流行りです。日本人はどこから来たか、中国の雲南省のあたりではないか、ネパールやブータンではないかと、いろいろありますが、そういうシンポジウムをしたら超満員になります。日本人はルーツ探しが好きです。自分は赤阪何某だ、自分の祖先は何だろうと調べると、赤阪城の侍であったと、そんなことを話してくれる人がいます。先祖代々からの系図を家宝にしてきたという人もいますが、偽物の場合もあります。

そのような偽物はなぜ書かれたのでしょうか。おそらく祖先のなかにだれか成功者がいて、祖先の系図を書いた場合もあったのでしょう。また江戸時代には、系図を専門に書く系図屋もいました。たとえば京都府南部の木津川市山城町椿井に系図屋があり、その椿井文書は有名です。そこで使われた紙もわかっていますし、軸にも時代の別があって、軸を見ても、いつごろのものか時代がだいたいわかるのです。そのほかに紙と墨の色を見て、紙は古いけれど墨の色が新しいという場合など、検討が必要です。

そのように祖先を調べることは、大事なことですが、そればかりやっていてはだめで、「ルート論」も要るのです。たとえば、古代の刑法と行政法である律令のふるさとは中国です。中国をルーツとして、律令はベトナムにも入るし朝鮮や渤海にも入る、日本へも取り入れられました。けれども、朝鮮が律令をそっくりそのまま取り入れたかというと、朝鮮風に変えていますし、日本ももちろん変えました。つまり、ルーツは中国ですが、受け入れて、そして変容するのです。

私は、ルーツ論をやることがだめだと言っているのではありません。しかし、祖先探しもいいのですが、祖先がどんなに偉い人でも、途中でだめな人も出てくることもありますし、逆に祖先には大した人物がいなくても、途中ですごい人が出てくる場合もあるでしょう。つまり形成のプロセスも重要なのです。形成（ルート）論をやらなければなりません。

『風土記』のなかで、『播磨国風土記』は、渡来の人びとのことをくわしく書いています。『出雲国風土記』に来住者の伝承は多少ありますが、他の風土記ではあまり書いていません。私は、その理由のひとつは、風土記の編纂にあたったのは播磨の国司、そしてその国司には守《かみ》、介《すけ》、掾《じょう》、目《さかん》、という四等官がいるのですが、『播磨国風土記』が編纂された霊亀三年のころ、その目に朝鮮の人がいたためではないかと思います。百済から来た僧詠《ヨム》の子、在日二世の楽浪《さざなみ》河内です。『播磨国風土記』の記述だけではありません。実際に考古学からも、住居跡や朝鮮式山城など、朝鮮の文化が入っていたことがわかっています。

姫路市の北に、白国神社という古社があります。ここは、祭神は土地の神さまですが、明らかに新羅の国から来た人たちが祀った社です。白国というのはこの地域に住んだ人たちが新羅の人にもとづくと、『風土記』も書いているわけです。いかに白国神社が国際性をもっていたかというあかしです。

そういう国際的で多様な文化を取り入れて、播磨独自の文化を形成してきたことを考えていただきたいのです。

いろいろな要素がたくさんあるということは、独自の文化がたくさん生まれるということにつながります。よく「和魂漢才」といいますが、それでは「大和魂」という言葉をいちばん最初に使った人はだれかと思って調べてみますと、なんと、紫式部でした。『源氏物語』の乙女の巻で学問のありようについて書いています。学問はいかにすべきか、日本のことだけをやっていてはいけない、と。紫式部はやはり偉い人ですね。そして、私の大好きな言葉でもありますが、「才《ざえ》を本《もと》としてこそ、大和魂の世に用ゐらるる方も強ふ侍《はべ》らめ」と書いています。この場合の「才」は「漢才」で、漢詩・漢文学を指しています。つまり、漢詩・漢文学をベースにしなければ、日本人の教養や判断力は世の中に強く作用していかないのだと言っているのです。いい言葉です。

これが『大鏡』あたりになると「和魂漢才」といわれるようになります。幕末・維新や明治前期には「和魂洋才」というようになります。ところがいまは、「洋魂洋才」です。こんなことをしていては日本文化はやがて滅びるのではないでしょうか。

播磨の歴史と文化は、私はやはり「和魂漢才」・「和魂洋才」だと思うのです。異なる文化を受け入れて、地域にそくした播磨の文化をつくってきました。播磨人の祖先はナショナルでしかもインターナショナルであったということを申し添えておきます。

# 古代吉備の風景

## 四つに分けられた吉備国

古代の吉備の文化がいかに素晴らしいか、日本の古代において吉備の文化がどんなに大きな役割を果たしたかということを、考えてみたいと思います。

延喜五（九〇五）年、当時の政府が編纂を始めて延長五（九二七）年に完成した『延喜式』という五十巻の書物があります。この『延喜式』の段階で、日本全国の国の数は六十八でした。

例えば、私は現在の京都府の、かつての丹波国内に住んでおりますが、和銅六（七一三）年四月三日に丹波国の北側、現在の宮津市や舞鶴市などにあたる日本海側の地域ですが、ここの五つの郡を丹後国として分離しました。丹波国は二つに分断されたことになります。また、北陸の越国は、越前・越中・越後という三つの国に分断されました。

吉備国は四つに分けられた国です。こういう国は大変珍しく、他に例がありません。「大宝令」という法律が出来上がった大宝元（七〇一）年の段階では、備前・備中・備後と三つの国に分かれていました。三つの国に分かれた例は他にもありますが、和銅六（七一三）年の四月三日には、備前国の中の六つの郡が、美作国として分離されたのです。吉備国がいかに大きな国であったかということが、この例からもわかります。

## 広範囲に及んだ吉備の勢力

吉備の勢力は、備前・備中・備後・美作だけに及んでいたのではありません。日本で一番早くできあがった『風土記』は、岡山県の東側、兵庫県南部の播州の『播磨国風土記』で、これがいつできたかについてはいろいろ議論があります。霊亀元（七一五）年の三月のころまでに出来上がったというのが従来の説でしたが、近時の研究によって、実際は霊亀三年の三月のころまでであることが明らかになりました。

その『播磨国風土記』に、揖保《いぼ》郡の広山の里という村の記事があります。なんとそこに、吉備の総領（吉備国を支配していた長官）が石川王という人であって、広山の里という村の名前を新たに作ったと書いてあるのです。つまり、吉備の総領が、加古川の西の村落の新たな成立に支配力を発揮していたことがわかります。

後で述べるように、吉備津《きびつ》神社の主祭神である大吉備津彦命は、山陽道の平定に派遣されます。『古事記』の孝霊天皇の条に、吉備の平定に向かった大吉備津彦命が、播州の加古川で西を向いて、忌瓮《いわいべ》を据えて、言向《ことむ》けの祈禱をしたという記事がみえます。吉備の文化は加古川の西の地域にまで及んでいたことの反映です。

吉備の総領石川王は、天武天皇八（六七九）年の三月に亡くなっています。「吉備大宰石川王、みまかる」と『日本書紀』に書いてあります。「大宰」は「大いなるみこともち」。伊予国には伊予総領がおり、山口県の周防国には周防総領がおりました。しかし、地域を支配する「大宰」という長官の名称が天武朝に出てくるのは、のちに太宰府になる筑紫大宰と、吉備大宰だけです。古代の歴史を考える中でいかに吉備国が重要であったかということがわかります。

## 楯築弥生墳丘墓にみる吉備文化の独自性

吉備の文化は、早くも弥生時代から、独自性を持って日本の歴史の中に明確に登場します。二世紀から三世紀の前半、弥生時代の後期になると、土盛りをした墳丘墓と呼ぶ墓が登場しました。倉敷の楯築《たてつき》遺跡は、中央の円形は直径四十メートル、両側に突き出しがあり全長約八十メートルです。こういう巨大な墳丘墓が弥生時代後期の吉備には登場しています。この被葬者は、邪馬台国を支持した有力な人物であったのではないかと私は推定しています。

中心部の埋葬施設で、大変注目すべき副葬品もありました。岡山大学の近藤義郎さんたちが中心になって調査を行い、つぼやお酒を入れる器を載せる「特殊器台」が見つかっていることから、弥生時代の後期に吉備の文化がいかに独自性を持っていたかということが明らかになっています。

楯築遺跡に祀られている楯築神社の神体の石には、真ん中に弧状の文様があります。四世紀ごろ、直弧文という文様が発達しますが、その最も早い弧文です。考古学の分野では、この弧文は南の海で取れるゴホウラ貝を切った断面の模様から生まれたのではないかという説もあります。

楯築墳丘墓から出た弧文の弧帯石は注目されます。後の直弧文のルーツは楯築の弧文から始まるとみなす考古学関係者が多いようです。

特殊器台は、古墳時代の埴輪円筒ではありません。埴輪よりも早く、弥生時代の後期に作られたものです。高さは一メートル近く、非常に大きいものです。宮山遺跡・中山遺跡・矢谷遺跡の特殊器台が有名ですが、その上につぼを載せたり酒の器を載せたりしたのでしょう。

## 広い範囲で見つかった吉備の特殊器台

奈良県の桜井市に箸墓古墳という古墳があります。二〇一〇年の五月、岡山の大学にかつておられた春成秀爾さんが、箸墓は卑弥呼の墓であろうという説を発表して、考古学者の間で大きな話題になりました。その箸墓古墳からも吉備の特殊器台が見つかっています。

やはり弥生時代後期の墳丘墓で、島根県の出雲市にある西谷三号墓・西谷四号墓からも、吉備で作られた特殊器台がみつかっています。西谷の古墳は、四隅突出型墳丘墓と言われる独特の形をしています。この四隅突出墳というのは北ツ海側に主として分布しており、西は島根県の東部の出雲を中心にひろがり、富山大学の校内に杉谷四号墓という四隅突出墳がありますが、東は越中富山にまで分布しているのです。

畿内の箸墓からも、島根県の出雲の四隅突出墳である西谷三号・四号からも、吉備の特殊器台が見つかっている現状から、いかに吉備の文化が広い範囲に分布していたかがわかります。こうした伝統は、三世紀の後半から八世紀にかけて展開します。

## 古墳にも受け継がれた吉備文化

岡山市の造山《つくりやま》古墳は有名です。全体の長さが三三〇メートル以上の前方後円墳は日本国内に十八基あり、一番巨大なものは堺市の大仙古墳、長さ四八六メートルです。仁徳天皇を葬っているといわれてきましたが、この説は確かではないので、私は「伝仁徳天皇陵」と申しております。造山古墳は約三五〇メートル、全国で四番目です。調査によって、この造山古墳の周りには、かつては濠があったことも明確になりました。

作山《つくりやま》古墳は全国のランクでは九番目、全長が約二八六メートルです。いかに大きい古墳が多いか、古墳時代の前方後円墳一つを取り上げてみても、吉備は非常に注目すべき地域であることがわかります。

箸墓古墳は『日本書紀』によると、倭迹迹日百襲姫という王女をこの墓に葬ったと伝えています。『日本書紀』に、「大市に葬る」と書いているのがそれです。このそばの纒向《まきむく》遺跡からは、はっきりと「市」と墨で書いた須恵器の墨書土器も出ておりますが、この地域に市場があったことは間違いありません。

纒向遺跡からは、三世紀前半の高床の建物では現在のところ最も大きい重要な建物が出ました。邪馬台国の卑弥呼の宮殿ではないかという考古学者もいます。そう簡単に決めるわけにはいかないのですが、今のところ、この箸墓の北東にあたる場所から、三世紀前半までは最大の高床の建物遺構（十二・四メートル×十九・二メートル）が検出されています。

纒向遺跡から出た土器の約三〇パーセントは、北部九州から関東の南半部にまでおよびます。吉備文化とのつながりはとくに注目されています。農具はほとんど出ていません。このことから、私はここが物流センターの都市の遺構であると考えていいと思っています。この場所は、『和名抄』で言う「大市郷」、大きい市の村という名前の場所です。木製の仮面も出土していますが、楯築神社の神体石の弧文をめぐらす弧帯文のなかの顔と共通する要素があるのも興味深い点です。

箸墓古墳は全長約二八〇メートル、全国で第十一番目です。岡山の造山古墳はそれよりもはるかに大きく、作山は箸墓よりやや大きいのです。岡山県には、他にもこうもり塚古墳をはじめとして注目すべき古墳も数多く分布し、弥生時代以来の吉備文化の伝統は、明確に古墳文化にも受け継がれていたことがわかります。

## 朝鮮文化とも深いかかわり

特に私が注目しているのは朝鮮文化と吉備との関係です。そのことを少し紹介したいと思います。

韓国慶尚北道の漁隠洞遺跡から出土した馬形帯鉤。馬のかたちをしたベルトの留め金具ですが、造山古墳の陪塚《ばいちょう》の榊山古墳から出土した馬形帯鉤と類似しています。私は朝鮮民主主義人民共和国に三回現地調査に行きましたし、遼寧省、吉林省にも三回調査に行きました。

高句麗は紀元前一世紀に中国の遼寧省の桓仁で建国し、都は紀元一世紀の初めころ吉林省の集安に遷ります。国内城という都の遺跡が現在も残っていますが、その山城が、丸都山城という朝鮮式山城の代表的なものです。この集安からも馬形帯鉤がみつかっています。馬形帯鉤のルーツが朝鮮半島の馬形帯鉤にあるということは明確だと思います。

実は、吉備は独自の文化を持っていたと同時に、吉備の古代文化には国際性があるということを申し上げたいのです。吉備独自の文化はもちろんですが、決してこの島国の中だけで発展したのではなく、インターナショナルな側面を持っていたということです。

『日本書紀』で五世紀後半の雄略天皇の七年の是歳の条を読むと、多くの古代史の先生も見過ごしていますが、朝鮮半島南部の西側の百済から、胸部高貴《こうき》、馬具を作る鞍部堅貴《けんき》、画を描く画部因斯羅我《いんしらが》、あるいは織物をする人たちの錦部定《じょう》安那錦といった新しい技術者を、吉備海部直赤《あか》尾《お》という人物が中心になって連れてきたと書いてあります。新しく渡ってきた技術者ですから、今来才伎《いまきてひと》と書かれています。

そして、やはり『日本書紀』の敏達天皇の十二（五八三）年是歳の条には、吉備海部直羽島《はしま》という人物が朝鮮半島の百済へ赴いて、火葦北国造《ひのあしきたのくにのみやつこ》の子、日羅《にちら》を迎えに行っていることを明記しています。火葦北の「火」は「肥」で、今の熊本県の地域です。熊本県内の国造の子の日羅が百済に行って、達率《だちそち》という百済で二番目の位の高級官僚になりました。その日羅を、吉備海部直羽島が迎えに行っているのです。日羅はすぐ大和に入ったのではなく、吉備の児島に入りました。そこで滞在して、後に大和へ入っていると書いてあります。

仁徳天皇が寵愛した黒日売（黒媛）という女性がいますが、記録によると、黒日売は吉備海部の出身であると記されています。いかに古代の吉備の文化が朝鮮文化と深い関係を持っていたか、こうした記録からもうかがうことができます。

## 吉備に天之日矛伝承ゆかりの場所

天之日矛《あめのひぼこ》の伝承はご存じだと思います。『古事記』にも『日本書紀』にも『風土記』にも、大同二（八〇七）年に斎部広成《いんべのひろなり》が書き上げた『古語拾遺』にも、天之日矛の伝承が書いてあります。私は前々から日矛の伝承も調べていました。

その天之日矛の伝承地は、大分県や兵庫県の播磨にもあります。摂津国の阿加流比売《あかるひめ》という女性を追って、朝鮮半島南部の東側、新羅の国の皇子であったヒボコが倭国に渡ってくる話です。摂津国には阿加流比売を祀る比売許曾《ひめこそ》神社の伝承があります。実際に大阪市には比売許曾神社があり、そしてさらに、近江・若狭・但馬というように伝承地があるのです。しかし、大分と播磨の中間がない。おかしいなと思っておりました。

四十年前くらいですが、慶應義塾大学の池田弥三郎さんと私が山陽放送学術文化財団の顧問をしており、岡山県には講演や調査で度々来ていました。山陽新聞社の古川さんという方に「ヒメコソ神社という社はないですか」と聞いたら「総社市にある」と言われるではありませんか。それで案内していただいて、姫社《ひめこそ》神社がある福谷に行きました。

この社は天之日矛の奥様、阿加流比売ゆかりの神社なのです。大変感動いたしました。氏子総代をしておられた小幡家というおうちにうかがって「文書が何かありませんか」と言ったら、出して来られたのが室町時代の文書でした。その中に「ヒメコソの祭り」という姫社神社のお祭りの記事もありまして、古くからこの神社が存在したことがわかりました。

高梁川《たかはし》で瀬戸内海に通じることができます。大分県から大阪府までの中間に、天之日矛伝承ゆかりの場所がなかったのですが、ご当地で私はそれをみいだすことができました。

## 朝廷からも重要視されていた吉備津神社

吉備の中山のふもとの吉備津神社は吉備津造りといって、正面が七間、側面が八間という非常に大きな古社です。三間社流造の二つを合体した独特の神社建築で、国宝です。

この吉備津神社は、後白河法皇が編纂した『梁塵秘抄』にも「一品聖霊吉備津宮」と歌われています。一品、二品、三品、四品というのは皇族がもらう位です。品位《ほんい》と言います。日本の神様に朝廷が位を贈る、これを、神階と言います。例えば正一位や正二位や従三位など、いろいろと位を贈ります。

今日の新聞に叙勲の発表がありましたが、人間だけではなく、昔は朝廷から神様にも贈られていたのです。「一品」という位を贈られている神社は、大分県宇佐市の宇佐八幡の誉田《ほんだ》別命《わけのみこと》、淡路島の伊弉諾《いざなぎ》神宮の伊弉諾神、そして吉備の大吉備津彦神の三例ぐらいしかありません。いかに吉備津神社が重要視されていたかということが、神階を見てもわかります。

『梁塵秘抄』には、「艮《うしとら》御崎《みさき》は恐ろしや」と書いてあります。これも面白いですね。私は山陽文化財団の皆さんに、オンザキ、ミサキの神の研究をする必要があるということで、ご当地のオンザキ信仰の調査をしたこともあります。

普通の社は、神様が鎮まっておられる内陣と外陣でしょう。吉備津造りは、内陣の奥にもう一つ内陣があります。内々陣があって内陣があって中陣があり、それから外陣があります。これは、独特の神社建築です。そして、外陣に艮《うしとら》・乾《いぬい》・巽《たつみ》・坤《ひつじさる》の四神、中陣には、東筎御前《おんざき》・西筎御前が祀られ、鳴釜《なるかま》の神事だけではなくて、オンザキ信仰、ミサキ信仰のメッカであったこともわかります。

## 深い関係がある温羅の伝承と朝鮮の伝承

この吉備津神社の縁起を書いた天正十一(一五八三)年の『備中国吉備津宮勧進帳』の中に、温羅《うら》の伝承が書かれています。ご当地には温羅の伝承がいろいろあり、吉備津神社の周辺を調べますと、矢喰《やぐい》宮を中心に温羅ゆかりのお社が十三社ありました。五十狭芹彦命《いさせりひこのみこと》すなわち吉備津彦が温羅を退治するという、いわゆる桃太郎の鬼退治のゆかりの伝承が、中世に明確にあったことを天正十一年の勧進帳にはっきりと見いだすことができます。

「温羅」という名前も意味が深いと私は思っています。朝鮮式山城、あとで鬼ノ城の話もしますが、その一つに「屋島」があります。浦生《うらう》という場所です。他には、伊予国の朝鮮式山城で「永《えい》納《のう》山」というのがあり、そこの調査にも行きました。その山がウラジロ（裏白）山というのです。「うら」という名前と朝鮮式山城のある地名が、なにかつながっているのが不思議だなと思っています。

温羅は、新羅の王子であるという説と百済の王子であるという説があります。それを吉備津彦が退治するのですが、『備中国吉備津宮勧進帳』によると、吉備津彦がタカに化けて追い詰める、温羅はキジになって逃げていく、そして温羅はキジからコイに姿を変え、タカであった吉備津彦は鵜に姿を変えて、コイの温羅を食いちぎるという話です。

私は朝鮮の歴史も多年研究してきました。『旧三国志』という貴重な史料の中に扶余の建国神話が書かれています。そこには、解慕漱《かいぼそ》が河の神と争うという同じような伝承があるのです。解慕漱はタカに姿を変え、河の神はキジに姿を変え、そしてタカに姿を変えた解慕漱はウに姿を変え、河の神はコイに姿を変えます。変わっていく動物の名前が、まったく類似しています。

『三国史記』と並んで朝鮮の歴史研究には欠かせない『三国遺事』という書物があります。高麗の一然というお坊さんが、十三世紀後半、忠烈王の時代に書き上げた貴重な史書です。この中に引用された『駕洛国記』には、新羅の建国の始祖という脱解《だっかい》と、加耶の建国の始祖と伝える首露《しゅろ》が戦う伝承が書かれています。新羅の脱解がタカに姿を変え、首露はタカではなくワシに姿を変えて、そして脱解はスズメに姿を変え、首露はワシからツグミに姿を変えて戦うのです。温羅伝承が朝鮮の伝承と深い関係にあることは明確です。

## 吉備と朝鮮のつながりを象徴する鬼ノ城

そのような朝鮮と吉備のつながりを最も象徴するのが、朝鮮式山城の代表的な、総社市奥坂の鬼ノ城です。

鬼ノ城が見つかったときのことは、よく覚えています。私は京都大学の教授をしながら、立命館大学でも講義をしていました。考古学の葛原さんは立命館で私の講義を聞いていたのですが、その葛原さんが、「先生、貴重な城が見つかった。どうもこれは朝鮮式山城らしい」と言ってきました。昭和四十六（一九七一）年です。山陽文化財団に「調査費を少しでもいいから出してほしい」とお願いして、昭和五十三年の七月から本格的に調査が始められ、今日までに大きな成果が上がっています。門が四つみつかっているのですが、西門とその左側には角楼がありました。近世のお城でいえば「櫓《やぐら》」です。立派に復元されています。

水門も六つあります。調査によって、食糧を蓄える倉庫のゾーン、駐屯した兵士の兵舎のゾーン、武器を作った鍛冶の工房などがある武器製造の工房のゾーン、管理をした管理棟も見つかりました。私は北朝鮮や韓国で朝鮮式山城をいろいろ見てきましたが、鬼ノ城は勝るとも劣りません。なぜこんなに大規模な山城を築いたのでしょうか。これには当時の東アジアの情勢を考えておかなければなりません。

## 百済、唐、新羅、高句麗などとのつながりの中で

中国の文献に『旧唐書』という書物があります。『新唐書』より前に書かれた唐の歴史書で、その中に重要な記事があります。永徽二（六五一）年に、唐の皇帝の高宗が朝鮮三国に対し「新羅を助けてまず百済を滅ぼす。その後に、新羅を助けて高句麗を討つ」という重要な政策を下しているのです。後の史料ですが、『資治通鑑《しじつがん》』にも同じようなことが書かれています。事実、百済は六六〇年に唐・新羅の連合軍によって滅びました。復興軍が立ち上がり、倭国の軍隊がこれを応援して、六六三年の白村江の戦いで倭国の軍勢は大敗北を喫することになります。

朝鮮式山城が記録に初めて出てくるのは、『日本書紀』の天智称制四（六六五）年です。白村江敗北から二年後に、朝鮮式山城を築くという記事が出てくるのです。北九州の筑紫に大野城、椽《き》城を造ります。白村江の戦いで、百済の優秀な官僚がたくさん日本へ亡命して来ましたが、その亡命官僚の憶礼福留《おくらいふくる》、四比福夫《しびふくぶ》が、大野・椽両城を築く指導をしました。山口県の長門の山城を築くのには、答㶱春初《とうほんしゅんしょ》という百済からの亡命官僚が派遣されています。対馬の金田城の築城記事も出てきます。

葛原さんと調査したころは、朝鮮式山城は二十四と私どもは数えていました。今はもう約三十、ひょっとしたら三十も少し超えたかもしれません。なかでも、鬼ノ城は一番立派です。

大津へ都が移ったのは、天智天皇の六（六六七）年でした。白村江で敗北して、いつ新羅や唐が攻めてくるかわからないので大和を避けて大津へ都を移したと言う人が多いのですが、大和と大津ではそんなに距離が離れているわけではないし、私はそれだけが理由ではないと思っています。

まだ高句麗は滅ぼされていません。白村江の戦いのおりに倭国の軍勢は、「百済が滅んだ、次は高句麗だ」と高句麗に戦況を報告しています。高句麗の人は、北陸から上陸して近江路を通って大和に入っていきます。私は、大津遷都は高句麗を強く意識してきたということも古くから主張してきました。

大津遷都を推進した人物は中臣鎌足です。死の前日に藤原という姓を与えられ、藤原鎌足という名でご存じかもしれませんが、この鎌足の伝記があります。藤原仲麻呂が中心になって編纂した『家伝・上』です。『大織冠伝』＝『家伝・上』には、大津へ都を移す中心人物の鎌足に、高句麗の王が秘密の「内公書」を送ったことがはっきり書いてあるのです。天平勝宝八（七五六）年の『東大寺献物帳』を見ますと、赤漆厨子というものがあり、これは百済の王が鎌足に贈ったものだと書いてあります。鎌足が、百済とも高句麗ともつながりを持っていたことは明らかです。

## 新羅との友好時代に造られた鬼ノ城

朝鮮式山城は、白村江の敗北の結果、唐・新羅の軍勢が攻めて来るのを警戒して造ったのだという説があります。確かにそういう状況はあるのですが、東アジアの情勢を見ると、すべての朝鮮式山城をそう単純に解釈していいのか、これは初めてお話しする私の考えです。

確かに、白村江の戦いで敗北して新羅との関係は悪化します。けれども、天智朝の末年から天武・持統朝にかけては、この新羅と唐の関係が悪化するのです。これは少しばかり細かい話になりますが、天智天皇八（六六九）年に河内直鯨らが遣唐使に任命されて、六七〇年に中国に行きました。その次の遣唐使は、大宝元（七〇一）年に任命されて、大宝二（七〇二）年に中国に行った粟田朝臣真人らで、その間の三十二年間、遣唐使は派遣されていません。

『日本書紀』によると、新羅の使節は二十五回来ています。日本から新羅へは使節が十回行っているのです。『日本書紀』の記述のすべてが真実であるかどうかは、厳密に検討する必要がありますが、天智末年から大宝元年までの文武天皇の間、新羅との関係は極めて友好的であったのです。その間にも、朝鮮式山城は築かれました。

新羅の攻撃を警戒するために造ったという説だけでは、このような東アジアの情勢を考えますと解釈できません。最初は外敵の侵入を防ぐために造ったのかもしれません。しかし、鬼ノ城の発掘成果によると、七世紀の後半の末期から八世紀の初めに築城されたようです。天武から持統・文武の各天皇の時代です。つまり、新羅とは友好的な関係の時代に、鬼ノ城はできたということになります。

## 日本国の軍事を強化するため造った山城

「日本国」という国号がいつから使われるかというと、私は天武朝だと考えています。高句麗から日本に来た道顕というお坊さんが、『日本世記』という本を書いているのです。「日本」という国名を書物の名前に付けています。では『日本世記』はいつできたかというと、天武三（六七四）年の後半から天武末年までの間であるというのが私の考証です。天武朝に、「日本」という国号が使われていることは間違いありません。

「天皇」という称号はいつから使われたのでしょうか。天智七（六六八）年の船王後《ふねのおうご》墓誌に「天皇」という称号が四カ所出てきますので、私は天智朝だと思うのですが、「いや、あの墓誌は後から入れたのだ」と言う先生もおられるので、一歩下がっても、明日香村の飛鳥池遺跡から出た天武朝の木簡に、明確に「天皇」という文字が墨痕鮮やかに書かれているので、遅くとも天武朝に「天皇」という称号が存在したことは間違いありません。まさに、日本国の意識が急速に高まった時期は、天武・持統朝です。その時期に鬼ノ城などの山城が造られる状況にあったことは、新たな角度から検討する必要があると思います。

しかも、「大宰」という、天武朝にあった国を治める長官の名称は、吉備と筑紫です。総領は、関東では常陸にいましたが、四国の伊予、山口県の周防にも総領が任命されました。その場所には山城が多い。私は日本国の防衛のため、日本国の武力を高めるため、強化するために、鬼ノ城が造られたと考えたほうがいいのではないかと思います。

天武天皇によって「まつりごと（政）の要は軍事なり」という詔を出されています。天武・持統朝を中心とする時期の山城の築城は、日本国の軍事を強化するために大宰のいる場所に造ったものであり、おそらく鬼ノ城は吉備大宰がリードして造った山城ではないでしょうか。もちろん百済系官僚も参加していたと考えられます。

このように考えると、吉備の文化は、決して島国日本の中だけで独自の輝きを発揮したのではなく、広く東アジアのつながりの中で輝いていたのだということをぜひお考えいただきたいと存じます。第二五回国民文化祭を契機に、吉備の文化に自信を持って発信していただきたいと思います。

＊第二五回国民文化祭の記念講演に若干の加筆をした。

# 出雲の魅力

## 古代の出雲国

刑罰法である「律」と、行政法や民法などの「令」とにもとづいて支配する体制を律令制度とよび、その国家を律令国家と称する。日本においては七世紀後半からその具体化が進み、「近江令」（この令については存在を否定する説もある）・「飛鳥浄御原令」ついで「大宝律令」・「養老律令」が完成する。

律令制下の出雲国は、島根県内の東部に位置し、北は北ツ海（日本海）に面し、東は伯耆国、西は石見国、南は備後国と接する。律令制度では国は大・上・中・下の四ランクに分けられていたが、出雲国はもと九郡・上国であり、天平五（七三三）年にまとめられた現伝風土記の唯一の完本である『出雲国風土記』によれば、意宇《おう》・島根・秋鹿《あきか》・楯縫・出雲・神門《かんど》・飯石《いいし》・仁多・大原の九郡六十二郷で構成されていたことがわかる。後に意宇郡から能義郡が分立して十郡となる。能義郡は『和名類聚抄』では舎人・安来・楯縫・口縫・屋代・山国・母理《もり》・野城・賀茂の九郷であり、意宇郡の東半にあたる。

出雲国は山陰道に属したが、ややもすれば裏日本のイメージでみられやすい。そもそも「裏日本」という用語は、明治二十八（一八九五）年のころから使われるようになり、明治三十三年のころからは、後進地域という偏見をおびるようになった。古代出雲の歴史や文化を「裏日本」とみなすことがいかにあやまりであるかは、北ツ海文化圏における出雲の役割をかえりみるだけでも明らかとなる。

## 北ツ海文化圏

日本海という呼称のはじまりは、中国におけるキリスト教宣教のさきがけとなるイタリアの宣教師マテオ・リッチが、一六〇二年に北京で作製した『坤輿万国全図《こんよばんこくぜんず》』が早い。その地図には漢字で「日本海」と書かれており、太平洋を「小東洋」と記している。

日本では蘭学者の山村才助が享和二（一八〇二）年に作製した『訂正増訳采覧異言《ぞうやくさいらんいげん》』の付図に、「日本海」と明記し、太平洋を「東洋」と書いているのが古い。

もとより古代に「日本海」とよび名があったはずはない。古代の人びとが「日本海」を「北ツ海」とよんでいたことは、『日本書紀』の垂仁天皇二年是歳《このとし》の条に、意富加羅《おほから》（大加耶）の王子とする都怒我阿羅斯等《つぬがあらしと》が、崇神朝の代に「北ツ海より廻《めぐ》りて出雲国を経て此間《ここ》（笥飯《けひ》・現在の福井県敦賀市気比）に至れり」と記述するのをはじめとして、『出雲国風土記』の意宇郡安来郷比売崎《ひめざき》の条・島根郡久宇《くう》島の凡条・神門郡神門水海の凡条あるいは『備後国風土記』逸文などによってたしかめることができる。

『出雲国風土記』には八束水臣津野命《やつかみずおみづぬのみこと》による有名な国引き神話が載っているが、「志羅紀《しらぎ》（新羅）の三埼《みさき》（岬）」から「高志《こし》（越）の都々《つつ》の三埼（能登半島の珠州の岬）」までの北ツ海を背景としたスケールの大きい神話である。古語と韻律が豊かで、おそらく出雲の語部《かたりべ》によって語りつがれた口誦の神話を記録した「国引き」の伝承であったにちがいない。

『出雲国風土記』にはたとえば神門郡の古志郷の条に、「古志《こし》（越）の国人ら到来《きた》りて、堤を為《つく》り、即ち宿居《やど》れりし所なり」と伝え、また同郷狭《さ》結《ゆうのうまや》駅の条には「古志の国の佐与布《さよふ》と云《い》ふ人来《きた》り居《す》めり」と述べるように、実際に北陸の人が北ツ海ルートで出雲へ来住した。

この『風土記』には大穴持命《おおなもちのみこと》（大国主神）が「高志」の「八口《やくち》」を平定する伝承を、意宇郡の母理《もり》郷や拝志《はやし》郷に載せている。この「八口」は地名であって、出雲の勢力が高志へ波及した状況を反映する説話である。出雲の信仰が北陸の地域にもひろがっていたことは、たとえば『延喜式』の神名帳に能登国羽咋《はくい》郡の大穴持神像石《みかたいし》神社、あるいは同国能登郡の宿那彦《すくなひこ》神像石神社など、出雲系の神々の社が鎮座する例にもうかがえる。

出雲における古墳文化の展開には留意すべきいくつかの特色があるが、その前提として注意を引くのは、四隅突出型《よすみとっしゅつがた》墳丘墓の出現である。その多くは方形・長方形の墳丘墓で、四隅に突出部があり、墳丘の斜面に石をはりめぐらす。この特異な形態の墳丘墓は出雲を中心に、伯耆、出雲寄りの備後、安芸に分布し、近年の調査で、島根県出雲市青木遺跡、広島県三次市の陣山遺跡、鳥取県米子市妻木晩田《むきばんだ》遺跡の洞ノ原地区などで、弥生時代中期にさかのぼる四隅突出型墳丘墓がみつかっている。貼石《はりいし》はないけれども、石川県白山市の一塚遺跡、富山市の杉谷四号墳にもそのありようをみいだすことができる。また福井県の小羽山三十号墓は、出雲市の西谷三号墓に類似するという。

四隅突出墳丘墓のひろがりにも北ツ海を媒介とする側面があったといえよう。

高句麗からの使節も多くの場合、北ツ海ルートで渡来してきた。『日本書紀』の高句麗使節の渡来伝承でもっとも確実な史料は、欽明天皇三十一（五七〇）年・敏達天皇二（五七三）年・同三年・天智天皇七（六六八）年の各条であり、いずれも北ツ海経由で来航した。

高句麗が滅んで七世紀の末に震国《しんこく》という国が大祚榮《だいそえい》を初代王として建国され、渤海国（六九八〜九二六）を名のることになる。渤海使は神亀四（七二七）年から延喜十九（九一九）年まで三十四回来日しているが、上陸地の判明している二十五回はすべて北ツ海側であり、そのなかで出雲が三回、隠岐が三回であった。

渤海使がどの港から帰国したか、わかっているのは十一回だが、そのすべてが北ツ海沿岸であり、そのうちの二回は出雲であった。遣渤海使は神亀五(七二八)年から弘仁二(八一一)年までの十五回で、帰国してどこへ上陸したかがわかる史料は少ないが隠岐が二回、越前が二回であった。

こうした実状をみれば、北ツ海側は朝鮮半島や中国大陸との交渉の表玄関の役割をはたしており、けっして「裏日本」などと称するわけにはいかない。

## 神話の世界

『古事記』の上巻や『日本書紀』の巻第一・巻第二には日本の神話が記載されており、世に「神代巻」とよばれている。学界でもしばしば『古事記』の神話と『日本書紀』の神話を一括して「記紀神話」と言われたり書かれたりするが、『古事記』の神話と『日本書紀』の神話の中身にはかなりのちがいがあった。

神代巻についていえば、記・紀の両書のなかでいわゆる高天原系神話についで多いのは出雲系神話である。二〇一二年は和銅五(七一二)年の正月二十八日に『古事記』が「献上」されてから数えて千三百年の意義深い歳であるが、『古事記』には大国主神（大穴牟遅神《おおなむちのかみ》）にかんする神話が多い。

稲羽（因幡）の素《しろ》（白）菟《うさぎ》を大国主神が救助される、人口に膾炙《かいしゃ》している神話は、『古事記』のみが伝える神話であり、兄弟の八十神《やそがみ》がさまざまに大国主神を迫害する神話や須佐之男命《すさのをのみこと》が大国主神にいろいろな試練を加え、それに耐《た》えた大国主神に「我が女須世理毘売《むすめすせりびめ》を嫡妻《むかひめ》として」、「宇迦の山の山本に、底津石根《そこついわね》に宮柱布刀斯理《ふとしり》、高天原に氷椽多迦斯理《ひぎたかしり》て居《お》れ」と告げる神話も『日本書紀』などには記載されていない。

『古事記』の文学性をよりあざやかに描く、八千矛《やちほこ》の神（大国主神）が高志の沼河比売《ぬなかわひめ》を妻問いして、高らかに「八島国《やしまぐに》　妻まぎかねて　遠々《とおとお》し　高志の国に　賢《さか》しめを　ありと聞かして　さよばひに　あり立たし　よばひに　あり通《かよ》はせ」と歌い、正妻（コナミ）である須世理毘売が「汝《な》こそは　男に坐《いま》せば　うちみる　島の埼々《さきざき》　かきみる　磯《いそ》の埼落ちず　若草の　妻持たせらめ　吾《あ》はもよ　女《め》にしあれば　汝《な》をきて　男《お》はなし」とウハナリ（後妻）ネタミ（嫉妬）する神話も『古事記』独自の神話となっている。

なによりも神代巻に登場する個別神の数が、『古事記』では二百六十七神なのに、『日本書紀』の本文ではわずかに六十六神、別伝（『一書』）の百十五神を加えても、総計で百八十一神と少ない。『古事記』とならんで『日本書紀』は日本古典の白眉《はくび》だが、『日本書紀』よりも『古事記』の神話のほうが出雲神話の原像をより多く反映している。小泉八雲（ラフカディオ・ハーン）は、明治二十三（一八九〇）年の八月二十日から翌年の十一月十五日までわずか一年三ヵ月ばかり、島根県尋常中学校（後の松江中学）で教鞭をとり、熊本高等学校へと転任したが、その短期間に出雲を探訪して、古代出雲の歴史と文化の息吹《いぶき》を見事に実感した。出雲は「日本民族の揺籃《ようらん》（ゆりかご）の地」であり、「わけても神々の国」であると。

実際に『出雲国風土記』とその伝承地が我々を出雲在地の出雲神話の世界へといざなう。たとえば意宇郡母理郷の所造天下大神《あめのしたつくらしし》（この用語は『出雲国風土記』に二十七ヵ所にみえる）大穴持命《おおなもちのみこと》の、「我《あ》が造り坐《ま》して命《うしは》く國は、皇御孫命《すめみまのみこと》、平世《やすくに》と知《し》らせと依《よ》さし奉《まつ》り、但《ただ》、八雲立つ出雲國は、我《あ》が静まり坐《ま》さむ國と、青垣山廻《めぐ》らし賜ひて、玉と珍《め》で直し賜ひて、守りまさむ」と詔《の》りたまう言霊《ことだま》のひびき、同じく意宇郡安来郷《やすき》の比売埼《ひめさき》の条に、「語臣猪麻呂《かたりのおみゐまろ》が女子《むすめ》、件《くだり》の埼に逍遙《あそ》びて、邂逅《たまさか》に和爾《わに》（鰐）に遇《あ》ひ、賊《そこな》はえて切《かへ》らざりき。爾《そ》の時、父猪麻呂、賊はえし女子《むすめ》を濱の上《ほとり》に斂《をさ》め置き、大《いた》く苦憤《いきどほ》りて、天《あめ》に號《おら》び地《つち》に踊り、行きては吟《な》き、居ては嘆《なげ》き、昼夜《よるひる》辛苦《たしな》みて、斂《をさ》めし所を避《さ》ること無し。是《か》く作《す》る間《ほど》に數日《ひかず》を經歴《へ》たり。然して後、慷慨《うれた》む志《こころ》を興《おこ》して、箭《や》を磨《と》ぎ鋒《ほこ》を鋭《と》くし、便《よろ》しき處を撰び居り、即ち撎《をが》み訴《うるた》へて云ひしく、『天神《あまつかみ》千五百萬《ちいほよろづ》、地祇《くにつかみ》千五百萬、並《なら》びに當國《このくに》に静まり坐《ま》す三百九十九社、及海若《またわたつみたち》等、大神の和魂《にぎみたま》は静まりまして、荒魂《あらみたま》は皆悉《ことごと》に猪麻呂が乞《の》む所に依《よ》りたまへ。良《まこと》に神靈《みたま》し坐《ま》しまさば、吾を傷《いたは》らしめ給へ。此《ここ》を以《も》ちて神霊《みたま》の神たるを知らむ』といへり」と物語る伝承の迫力。まさしくそれは語臣《かたりのおみ》猪麻呂の子の、語部の首長語臣與《あたふ》が「今日（天平五年二月）に至るまで」の六十年間にわたる口承の説話であった。

## 青銅器文化圏の再検討

日本の倫理学や哲学の発展に大きく貢献した和辻哲郎は、日本の古代についても造詣が深かった。名著『古寺巡礼』や『日本古代文化』などにもその学識が反映されている。『日本古代文化』の初版は大正九（一九二〇）年の十一月だが、大正十四（一九二五）年の改訂稿版から「山陰を大陸の門戸とする近畿中心の銅鐸文化と筑紫を門戸とする筑紫中心の銅鉾銅剣文化」とのいわゆる二大青銅器文化圏説が登場する。その改稿の文で「山陰を大陸の門戸とする」と述べておられるのはさすがだが、京都大学二回生の時、夏休みを利用して山陰線で出雲をはじめて訪れてから、おりあるごとに出雲の古代の史跡をたずね歩いた私は、この二大青銅器文化圏説にかねがね疑問をいだいてきた。出雲はその両者のたんなる接点にすぎないのか。

昭和四十九（一九七四）年十一月の『出雲』（毎日新聞社）の「解説」のなかで「銅鐸の文化と銅剣・銅鉾・銅戈の文化とが、島根県内に地域的特色を示しながら交錯していること」に注目し、『記』・『紀』の神話で「荒ぶる国つ神の多《さわ》なる」荒芒の地として描かれているが、「そこには豊かな水系を背景とする文化があった」と指摘したのも、和辻説にはそのままには従えないと考えていたからである。

はたせるかな昭和五十九（一九八四）年の七月、島根県斐川町（現出雲市）の神庭《かんば》荒神谷遺跡から銅剣（中細形c類）三百五十八本が出土した。弥生時代の全国銅剣の総数が約三百本といわれていたから、島根県教育庁文化課からの連絡をうけて、すぐに伊丹空港から現地へおもむいたその日のことを懐かしく想起する。銅剣のうち三百四十四本の茎《なかご》には僻邪・除災を意味すると思われる×印があった。そして翌年には銅鐸六個・銅矛十六本が検出された。銅戈としては出雲大社の境内摂社命主《いのちぬし》（もとは命石と伝える）神社出土のものが有名である。

出土地の神庭サイダニという地名はカミのマツリとかかわりがある。神庭はカミマツリの庭（場所）であり、サイダニは邪霊をさえぎる塞谷であったのではないか。さらに平成八（一九九六）年十月には、島根県加茂町（現雲南市）の加茂岩倉遺跡から銅鐸三十九個がみつかった。加茂町には大きな磐座《いわくら》があって、岩倉という地名もまたカミマツリとのつながりを示唆する。

加茂岩倉遺跡以前の銅鐸最多の遺跡は滋賀県野洲市の小篠原の二十四個であったが、加茂岩倉遺跡の出土数はそれをしのぐ。「銅鐸」という名称が中国の古典にみえることは、たとえば『宋書』（巻第二十七）の「符瑞上」に愍帝《びんてい》の建興四（三一六）年、陳龍が「田中に在る銅鐸五枚を得」とある。古代の中国に、扁鐘などのほか銅鐸とよぶ青銅の楽器が存在したことを物語る史料である。

昭和五十五（一九八〇）年にはじめて訪朝したおり、平壌《ピョンヤン》市にある中央歴史博物館で平壌《ピョンヤン》市楽浪区域貞栢洞出土という小銅鐸と平壌《ピョンヤン》出土と伝える小銅鐸の鋳型を実測したことがあり、韓国では大邱市坪里洞・大田市槐亭洞・慶尚北道月城郡入室里などから出土した小銅鐸を実見した。大分県宇佐市の別府遺跡から小銅鐸、福岡県春日市岡本（岡本町四丁目）遺跡から小銅鐸の鋳型がみつかっているのもみのがせない。

日本では銅鐸が大形化してマツリの宝器となるが、そのルーツは朝鮮式小銅鐸、さらには中国の小銅鐸へとさかのぼるのであろう。加茂岩倉遺跡の銅鐸三十九個のなかで十四個に×印があり、七個に絵画がある。十八号鐸の画面いっぱいの一匹のトンボはきわめてリアルであり、十号鐸の海亀も注目にあたいする。

ここで改めて想起するのは、『出雲国風土記』大原郡海潮《うしお》郷の条にみえる宇能治比古命《うのじひこのみこと》の伝承である。この神が御祖《みおや》の須義禰命《すがねのみこと》を恨んで、北の方出雲の海潮を押しあげ、御祖神《みおやのかみ》を漂わしめたと物語る。海潮の地名起源説話ともなっているが、この宇能治比古命の伝承は楯縫郡沼田《ぬた》郷の条（ここでは宇乃治比古命と書く）にもあって、爾多《にた》の水をもって、乾飯《かれいい》をおいしく食べようと語ったという。宇能治比古命の「宇能治」は「海の道」を意味し、海神ゆかりの神名であった。海潮郷は赤川の上流に位置し、加茂岩倉の地域はその下流、猪尾川の谷奥であって、加茂岩倉遺跡の銅鐸を保有した人びととの生活には、赤川を媒介とする海の信仰もまた重層していたのではないか。

銅鐸の埋納地の多くは、山丘の中腹やいわゆるかくれ谷だが、集落や川ぞい、さらに海ぞいの場合もある（たとえば兵庫県豊岡市の気比《けひ》遺跡は、日本海にそそぐ円山川の河口の近くに位置し、そばに巨岩がある）。絵画銅鐸には漁撈《ぎょろう》や狩猟の場面などもあり、そのすべてが農耕ゆかりの場面のみとはかぎらない。福井県坂井市春江町の井向《いのむかい》一号鐸には船と船人を描く例などがあり、海民の信仰とのつながりを示唆する例もある。加茂岩倉の十号鐸の海亀はそうした課題の究明に寄与する。

出雲の弥生時代をかえりみただけでも、その青銅器文化がいかに先進的であったかを、遺跡と遺物がはっきりと物語る。

## 古墳から寺院へ

出雲の古墳文化の史脈にも「地域的特色」がある。出雲の前期古墳はほとんどが方墳《ほうふん》や前方後方墳《ぜんぽうこうほうふん》で、出雲東部では特大の方墳が築造された。そしてその方形墳の流れは後期までうけつがれている。出雲地域に多い横口式家形石棺のタイプが北九州につながることも軽視できない。出雲東部の島根県松江市東出雲町の島田池遺跡、その一号横穴墓には、凝灰岩《ぎょうかいがん》製の組合せ横口式家形石棺の灯明石が注目される。これに類するものは、出雲で五基見つかっているが、九州では石《いし》屋形《やかた》のついたもの一例、横穴墓に造りつけられたもの二例がわかっている。時期的には福岡県の王塚古墳のものが最も古いとされている。

出雲の玉作りは古文献にみえるように古くから有名であった。日本海側では北陸・丹後と共に玉作りの重要な地域であって、出雲で作られた玉類は、長く宮廷の祭儀とも密接なかかわりをもった。それは出雲国造の神賀詞《かんよごと》の奏上のなかで、「白玉」・「赤玉」・「青玉」が強調されているのにもうかがわれる。

仏教文化においても出雲は注目すべき地域であった。壬辰年（六九二）の五月に、出雲の若倭《わかやまと》部臣《べのおみ》徳足が造仏したことが銘文でたしかな鰐淵寺《がくえんじ》の観音菩薩立像ばかりではない。『出雲国風土記』のなかにも新造院ほかの造立記事がある。

意宇郡山国郷の「新造院一所」のように「三層の塔を建立」とか、同郡山代郷の「新造院一所」のように「厳堂《ごんどう》を建立」とか、あるいは大原郡屋裏《やうち》郷の「新造院一所」のように「層塔を建立」とか、同郡斐伊《ひい》郷の「新造院一所」のように「厳堂を建立」とかと記す。そして出雲郡河内郷の「新造院一所」や神門《かんど》郡朝山郷の「新造院一所」については「厳堂を建立」と述べる。また神門郡古志郷の「新造院一所」には注記して、「本《もと》、厳堂を建つ」と記し、朝山郷の新造院は神門臣ら、古志郷の新造院は刑部《おさかべ》臣らの造立と記載する点もみのがせない。

『出雲国風土記』のなかで、はっきりと寺名がついているのは教昊寺《きょうこうじ》のみであるが、教昊寺は意宇郡舎人郷《とねごう》にあって（安来市の出雲野方《のかた》廃寺が想定されている）、「五層の塔を建立」と明記するように、出雲国屈指の五層塔を具備する寺であった。しかもこの寺の建立者は「散位大初位下上《かみの》蝮《たじひのおびとおしい》首押猪の祖父」とする教昊寺ゆかりの教昊僧であったと明記する。その造立は『出雲国風土記』の完成年（天平五（七三三）年）よりはかなりさかのぼる。

## 天下無双の大社

八雲山を神奈備《かんなび》とする出雲大社の聖域が、かなり早くからまつりの場となっていたことは、大社の東方約二百メートルのあたりに鎮座する命主神社の磐座や、銅戈・勾玉の出土あるいは平成十一年九月からの出雲大社境内地の調査で、発掘調査区域の東側から古墳時代の勾玉（二点）・臼玉（十二点）などがみつかっているのにもうかがうことができる。そして『出雲国風土記』が「百八十四所神祇官に在り」とする社のなかで「大社」と書くのは出雲大社と熊野大社であり、大社造の象徴といってよい出雲大社の壮大な高さは、天禄元（九七〇）年に源為憲《みなもとのためのり》がまとめた『口遊《くちずさみ》』が、「雲太《うんた》、謂出雲国城（杵）築明神殿」とし、二番目に高い「東大寺大仏殿」を「和二《わに》」、平安宮の大極殿を「京三《きょうさん》」とする記述のとおりであった。

康治二（一一四三）年や久安四（一一四八）年の「宣旨」には「天下無双の大廈《たいか》」とし、鎌倉時代の後期に藤原長清がまとめた『夫木《ふぼく》和歌抄』には、鎌倉時代のはじめのころに寂蓮法師が出雲大社に参詣したおり詠んだ「やはらぐる光や空に満ちぬらむ雲に分け入る千木《ちぎ》の片そぎ」の歌が収められているが、その歌いぶりは誇張ではなかった。

現在の神殿でも八丈の高さだが、十六丈説には多くの建築家が疑問を呈してきた。昭和四十(一九六五)年の六月に出版した『出雲の神話』(淡交新社)のなかで、私は「少なくとも現在の倍にあたる十六丈の高さを有するものが、この宮地に造営されていたことはたしかな事実であろう」と述べた。

平成十二(二〇〇〇)年の四月五日には「金輪御造営差図《かなわのごぞうえいさしず》」に対応する南の宇豆柱《うづばしら》が姿をあらわし、杉の巨柱三本を組み合わせた直径一・七メートルの全貌が明らかとなった。そして九月二十六日にはやはり巨大な南東側柱、九月二十八日には岩根の御柱(心御柱《しんのみはしら》)が確認された。直径約三メートルで、心御柱の下の杉板の年輪年代測定によって伐採年は一二二七年の数年後とされた。おそらく宝治二(一二四八)年造営のおりの巨柱であろう。

宇豆柱・東南側柱・心御柱には赤色顔料が塗られていたのもみのがせない。十三世紀なかばから十四世紀にかけて現地で描かれたと考えられる「出雲大社 幷《ならびに》 神郷図」の神殿が朱塗りであり、『出雲国造神賀詞』が「八百丹杵築宮《やほにきづきのみや》」と記し、『古事記』の雄略天皇の条の「纒向日代《まきむくのひしろ》の宮(景行天皇の宮)」の歌に「八百丹よしい杵築の宮」と詠まれているのもけっして偶然でなかったことがわかる。宮殿型とされる本殿にふさわしい。延喜五(九〇五)年から編纂がはじまって、延長五（九二七）年に完成した『延喜式』に所載する出雲国の式内社は、「百八十七座」で名神大社は二座と記されているが、その社数は、大和国・伊勢国につぐ全国第三位となっている。

古代出雲の魅力は、古代のみにはとどまらない。古代出雲びとのこころとかたちは、時代と共に移り変ってはいったが、その古代的精神は中世や近世、そして近・現代にもうけつがれて、いまの世に生きているのである。だからこそ、小泉八雲がきわめて短期間の出雲滞在のなかで、出雲は日本民族の揺籃の地であり、わけても神々の国であるとうけとめることができたといってよい。

# 斐伊川紀行

斐伊川《ひい》は、島根、鳥取県境にそびえる船通山《せんつう》（一一四三メートル）に源を発し北流、出雲平野で東流し宍道湖《しんじこ》に注ぐ。全長一四八キロ。古くは多くの支流に分れ、日本海へも注いでいたという。上流の砂鉄採取による流砂のため天井川となり、しばしば氾濫。治水の歴史は古い。「やまたのおろち」の話など、古代神話にいろどられている川である。

## 斐伊川河口にたたずむ

「出雲はわけても神々の国である」と、感動をこめて讃歌したのは、ラフカディオ・ハーン（小泉八雲）であった。その出雲の昔と今とを結ぶ流れが斐伊川である。

島根・鳥取両県の県境にそびえる船通山に水源を発し、仁多・飯石・大原三郡のあまたの支流をあわせて、宍道湖に入る本流は、宍道湖からさらに大橋川、天神川などによって中海《なかのうみ》へそそぎ、境水道を貫流して日本海につながる。

県庁土木部の話では、河川法にもとづく斐伊川は、宍道湖まではなく、なんと日本海に合流する地点までをいうとの説明であった。その延々たる流路は、時代の変化を反映しながら、山陰屈指の居流を形づくって、いまに生きる。

夕闇の迫る宍道湖の斐伊川河口に立てば、前方に標高三二六メートルの嵩山《だけやま》と二六二メートルの和久羅山がみえる。天平五（七三三）年に最終的に完成した『出雲国風土記』、その島根郡の条にみえる布自枳美《ふじきみ》高山《たけのやま》と女岳山《めだけやま》とがこの両山である。

仏が横たわっているかのようにのぞまれる山なみ、その左手北方に秋鹿《あきか》の神名火山《かんなびやま》、右手南方に意宇《おう》の神名樋《かんなび》が連なって、神山に囲まれた入海の往古がふとよみがえってくる。

飫宇《おう》の海の河原の千鳥汝が鳴けばわが佐保河の思ほゆらくに

飫宇の海の潮干の潟《かた》の片思に思ひや行かむ道の長道《ながて》を

この両首は、天武天皇の孫の門部王《かどべ》が出雲守であったおりによんだものである。遠く出雲の任地にあった門部王は、中海や宍道湖の入海を周遊したに違いない。彼もまた入海をめぐる神山を仰ぎみたことであろう。

神名火の山々は、斐伊川下流にくりひろげられてきた人々の生活史と共にあった。河口の西方には、簸川《ひかわ》平野がひろがる。斐伊川の沖積作用によって形成された平野の景観にいろどりをそえるのは、この地域特有の築地松の集落である。

民家の西と北にそって立つ松のならびが、落日に映えて点在する。防風のための生活の知恵が、自然のなかにあざやかであった。

斐伊川下流の流路にも、歴史の襞《ひだ》が宿されている。『風土記』には、簸川郡斐川町（現出雲市）のあたりをへて北流した出雲大川（斐伊川下流）は、「更に折れて西に流れ」、現在の出雲市北郡、大社町南部をへて神門の水海に入ると記している。

天平のころは西流であったことがわかる。中世以降にもいくつかは東方へ流れていたようだが、寛永十二（一六三五）年、同十六年の洪水で宍道湖へ完全に東流することになったという。

西流と東流の変遷にも、洪水と治水をめぐる苦闘の血と汗がにじんでいる。その間の事情は『斐伊川史』（長瀬定市編）に詳しいが、水を治める者は人をもよく治めるという改修の事業は、なんども繰り返されてきた。

斐伊川は出雲のナイル河ではないか。それがいまの実感である。平時はめぐみの水として人々の生活をうるおす。だが、ひとたび風雨強まれば、一変して濁流荒れ狂い、田も家もそして人命をも奪ってやまぬ。

「米どころに生れ、米作りに専念してきたワシらが、米をもらいに走るんじゃけん」。その嘆きは、昭和四十七（一九七二）年七月の洪水で、穀倉簸川平野の農民が体験したところであった。おびただしい流砂によって天井川と化した斐伊川とその下流の沃野と。その矛盾をどう解決するか。それはなお重要な課題になっている。

## 在地の神話のひびき

薄《すすき》と葦の生いしげった宍道湖岸の斐伊川河口にたたずんで、斐伊川の今昔に想いをはせる。数年前に出雲を訪れた時にくらべると、湖岸の風景は、だいぶ変った。湖に迫るたそがれに、こころを洗われる想いがしたのも今は昔。三年前、二年前とその情趣はだんだんと推移する。かつては、湖岸の夕餉《ゆうげ》のけむりがひとすじふたすじ、あかねの雲に映えて、やくも立つ出雲を実感した。

湖上にゆらめく漁火《いさりび》の風情も、古老から「いまはヘドロの湖となりつつある」と聞いては興ざめする。旅館団地ができ工場がふえた。

『出雲国風土記』の圧巻は、ヤツカミヅオミヅヌノミコトが国引きする詞章にある。「くにこくにこ」と引き寄せるその詞章の韻律は、在地の神話のひびきを伝える。

国引きの神話は『古事記』や『日本書紀』にない。オミヅヌという神名は『古事記』の神々の系譜に一カ所みえるにすぎぬ。宮廷の神話が無視したオミヅヌすなわち大水主という神の信仰が、出雲地方に生きていた。

国引きの主人公が水の支配につながりをもつ神であったことは興味深い。治水の神が国引きをするのである。そのオミヅヌの神の嘆きは深い。

昭和四十七（一九七二）年の七月、簸川平野全水田の九五パーセントが水に沈んだ。七月九日から四日間の雨量は、昭和三十九（一九六四）年の豪雨にくらべて、松江市では百ミリ以上少なかった。それなのに明治二十六（一八九三）年以来の大出水となった。

湖岸に住む古老は、「昔と今は違う」と語る。昔は雨が降っても、斐伊川の水が宍道湖にくるまでは、二、三日かかったそうだ。しかし乱伐と開発で、流域の山々の保水力がなくなり、濁水はどっと宍道湖へ直進する。斐伊川の分水と大橋川、天神川の改修が争点になっていた。

斐伊川の堤にそって出雲市武志町へでる。このあたりを国譲りの神話の舞台のひとつ、多芸志《たぎし》の小浜とする説がある。「奉寄進」の秋まつりの幟がはためく堤を下って、鹿島神社に詣でる。

国譲り神話に活躍するタケミカヅチ、フツヌシ、トリフネの三神をまつり、小汀明神とも称されていた。明治四十四年には、もと中の島にあった膳天明神《かしわで》も境内に合祀された。

国譲りを承諾したオオクニヌシの神が、出雲国の多芸志《たぎし》の小浜に、御舎《みあらか》を造ったと伝えるのは『古事記』である。その神話は『日本書紀』にも『出雲国風土記』にもない。はたして国譲り神話が、多芸志の小浜を舞台にしたのかどうか。

ここでは神話の歴史化が目立っている。「雲陽誌」によると鹿島神社の建立は、寛永六（一六二九）年とのこと、スサノヲノミコトによる八岐の大蛇退治の伝承地もまた、時代が下れば下るほど、どんどんとふえてくる。

古代人の国づくりの歩みを背景に、信仰や儀礼などを場として、神話が形づくられてゆく場合もある。だがその逆もまたありうる。書かれた神話の知識にもとづく神話の歴史化が、国々のものしりびとによってなされる例は少なくない。神話と歴史を単純に結びつけることはここでもできない。

斐伊川をさかのぼって三刀屋川との合流点にでる。『風土記』は大原郡と飯石郡の境あたりの斐伊川を「渡り二十五歩、渡船一つあり」と記載している。当時の川幅は四十四メートルあまりもあったことになる。

三刀屋川ぞいに三刀屋町（現雲南市）に入り、小学校裏山の松本一号墳から木次町（現雲南市）とその周辺をのぞむ。長さ五十メートルのこの前方後方墳は、四世紀後半のものとされているが、眼下に斐伊、三刀屋の両川が平行して走る。まさに国見の適地であった。

大原郡木次町山方の城名樋《きなび》山の麓から、斐伊川ぞいの木次町里方におもむく。このあたりが『風土記』にいう斐伊郷である。もと樋《ひ》と書いていたのを神亀三（七二六）年に斐伊に改めた。

斐伊川の名の由来を考えるさいにみのがせないのは、『風土記』の伝承である。斐伊川のもとは樋川であった。『古事記』は斐伊川を肥の河と表記し、『日本書紀』は簸の川と書く。斐伊川の原義を「日の川」とする説もあるが、これは誤りである。斐、肥、火、樋はいずれもが上代特殊仮名遣いでは、乙類の音を現わす文字で、甲類の日とは区別されていたからである。

斐伊川の名の由来は、樋の川か火の川か。私などは樋の川説の方に魅力を感じる。木次町里方に延喜式内社の斐伊神社がある。この古社は、『風土記』にみえる樋社につながる。樋速比古《ひはやひこの》命《みこと》が鎮座していた社であった。

この地域の有力豪族であった樋氏ゆかりの社に、昔日の面影はない。境内のすぐそばを木次線が通り、列車が走るたびにそのとどろきが神の丘に迫る。

今度の旅では、地元の風土記研究家の加藤義成さんにはなにかとお世話になった。六十六歳の加藤さんは、生粋の出雲人である。多年風土記の研究にうちこんでこられた。その労作『校本出雲国風土記』は、風土記研究の基礎を固めた仕事である。

この八月に韓国へいってきたという加藤さんは、数年前にお会いした時とあまり変っておられない。郷土で郷土を郷土のためにと、研究ひとすじに生きておられる生活が、その人柄ににじみでている。

中央あっての地域ではない。地域あっての中央なのである。ひかえめな加藤さんは、そのことを着実な研究によって立証しつつある。

加藤さんの案内で、斐伊郷の人、樋印支知麻呂《ひのいなぎちまろ》が建立したと『風土記』に述べる尼寺跡、郡大領（郡の長官）勝部臣《すぐりべのおみ》虫麻呂が造ったという僧寺跡をたずねた。木次駅のすぐそばの山辺に、塔の石とよばれる礎石がある。

木次駅の給炭所付近の水田にあったのを、明治六（一八七三）年の三月、村人十名でこの地に安置したという。僧寺の礎石ではないかとみなされている。斐伊郷の樋印支（稲置）知麻呂という人は、かなりの力をもっていたらしい。自力で尼僧二人の住む厳堂を造立した。郡司よりは下の郷の長《おさ》クラスの一人であったのではないか。

## 古代の斐伊川

古代における斐伊川はどの流域を意味したのであろうか。その点で注目されるのは水野祐氏の説である。その名称は、その中流域わけても大原郡内に起ったのではないかという。その地域に斐伊のもとの樋の郷があり樋の社があるばかりではない。古典はその中流域を中心に「斐伊河の下」、「斐伊河の上」と記載している。

斐伊川をさらにさかのぼる。水位調整のための堤防がいくつかある。大川はしだいに峡谷の景観へとうつりかわる。引野から湯村へでた。

ここは湯村の温泉地。ひなびた風情に、竹藪と松の林が美しい。斐伊川のほとりに公園があり、

「神すさのをの息吹を秘めて」という小滝空明の歌碑が立てられていた。

出雲土着の神の息吹きは、スサノヲよりもオオナムチのほうに濃厚である。そこにスサノヲの伝承が入りくんでゆく。高天原系の神として描かれながらも、出雲へ天降って出雲系の神として主要な位置を占めるスサノヲの神。高天原を追放されて斐伊川の川上へおもむくスサノヲの神。高天原と出雲との接点が、宮廷神話におけるスサノヲの神の二重性に渦まく。

その謎をときあかす鍵はどこにあるのか。湯村の地であらためてその謎を思いうかべた。斐伊川の流れにそって湧出する漆仁《しつに》の湯は、山里らしく静寂そのものであった。

斐伊川に合流する支流のひとつに大馬木川がある。仁多郡の中央部を貫流する馬木川の渓谷、その奥出雲の仙境が、『出雲国風土記』にみえる戀山《したぶるやま》の伝承地であった。鬼の舌震《したぶるい》とよばれている仁多町（現奥出雲町）の渓谷を、かねがねたずねてみたいと願っていた。『風土記』にいう戀山の伝説とは、和爾《わに》にまつわる悲恋物語であった。

戀山とは、仁多町鬼の舌震の山とされている。そのむかし、和爾が阿伊村（横田町馬木）にいたタマヒメノミコトを恋い慕い、斐伊川をさかのぼって会いにきた。和爾を恐れたタマヒメは、石をもって川をさえぎった。そのため、和爾はタマヒメに会うことができず、ますますヒメを恋い慕ったという。これは戀山の地名の起源説話として『風土記』に収録されたものだが、したぶるという古語は、『万葉集』にもある。

『万葉集』では「秋山の　したぶる妹　なよ竹の　とをよる子らは」と詠まれていて、秋山の下葉が紅葉するのに、恋する想いが重ねられている。和爾のタマヒメを恋慕した狂いざまが、後に転訛して、わにはおに（鬼）となり、したぶるは舌震にあてられることになった。

『風土記』にいう和爾とは、ワニサメとする説、シャチとする説がある。『出雲国風土記』は、入海（中海）に棲息する魚類として和爾をあげている。それにしてもワニが、延々とつづく斐伊川をのぼって横田町（現奥出雲町）馬木のあたりに住んでいたタマヒメを恋慕するという伝説は、たしかに古代的である。そしてその悲しい恋がいかにもあわれである。

今でも出雲の地域では、ワニサメをワニというとのことであったが、和爾で思いだすのは同じ『風土記』の比売崎《ひめさき》（安来市安来町姫崎あたり）の伝承である。この話は、天武天皇の代のできごととして物語られている。語臣猪麻呂《かたりのおみいまろ》の娘が和爾にかみ殺されたのを怒った猪麻呂は、神に祈ってその和爾を刺し殺したと伝えられている。ここでの和爾のふるまいは、荒ぶるおこないをなす「まじもの」の化身とみなされている気配が強い。

しかし鬼の舌震の地に残る伝承には、川をさかのぼってよりきたった神の信仰性が濃厚であった。和爾を海神の乗りものとしたり、あるいは海神の娘とみなしたりする伝承は、『古事記』や『日本書紀』の神話にもみえている。海神の娘と描かれているトヨタマヒメの神話がそれである。『風土記』では妻問いする和爾が拒絶されるかたちになっているけれど、その原像においては、妻問いする神と聖なる乙女との神婚譚が息づいていたのかもしれない。そしてそれらの和爾伝承は、出雲の語部《かたりべ》たちによって語りつがれていたようだが、後に戀山の地名起源説話と化して、記録されるにいたったのではなかったか。

後代の人々が、和爾の恋を、鬼の舌震に変えてしまったのも無理はない。馬木川の渓谷約三キロの清流のあちこちに、浸蝕作用によってつくりだされた奇岩怪石が累々と横たわる。こうもり岩・千畳岩・舟岩・烏帽子岩・滑り岩・酒壺・雨壺などと名づけられた巨大な岩石が、あるいは断崖をつくり、あるいは深淵を形づくる。

おりから渓谷の森林は見事に紅葉して、古語「したぶる」にふさわしい景観をととのえていた。昭和二(一九二七)年に鬼の舌震は史跡名勝天然記念物の指定をうけ、昭和三十九年には県立自然公園となった。奇岩怪石の累乱するありさまは、まこと〝鬼の舌震〟を連想させる。

シラガシ・アベマキ・コナラ・アカマツなどが密生する渓谷の山々、下流舌震湖の神秘の水面、その仙境に大自然が生きる。天狗茶屋上流あたりの眺めは、とくに壮観であった。急流が岩間にくだけて自然の形象に水煙をそえていた。奥出雲の神さびた秘境がそこにあった。

斐伊川の川上に船通山がある。奥出雲町の横田にある標高一一四三メートルのその山こそ、『出雲国風土記』が、斐伊川の「源は伯耆と出雲との二国の堺なる鳥上山より流れて」としるした鳥上山であった。

## 斐伊川と神話

斐伊川にまつわる神話のなかで、人口に膾炙しているのは、八岐の大蛇の伝承である。高天原を追放されたスサノヲノミコトは、「出雲の国の肥の河上、名は鳥髪の地」に天降ったと『古事記』に載す。『日本書紀』の本文では、スサノヲが天降った地は「出雲国の簸《ひ》の川上」と述べて、鳥上の地名こそあげていないが、別伝（一書）の四番目には「出雲の国の簸の川上にある鳥上の峯にいたる」と書いている。

記・紀にいう鳥髪（鳥上）は、『出雲国風土記』の鳥上と同じであろう。記・紀の神話では、スサノヲは八岐の大蛇を退治して、大蛇に食われようとするクシイナダヒメを救い、斬りたおした大蛇の尾から霊剣をとりだす。このクシイナダヒメに関係があると思われるヒメの名は、『風土記』にもみえている。熊谷郷（雲南市木次町熊谷のあたり）の条の久志伊奈太美等与麻奴良比売《くしいなだみとよまぬらひめ》がそれである。その名は奇稲田見豊玉真瓊等姫ということになろう。

ヒメをめとったスサノヲは、記・紀によると、須賀の地に殿舎を造ることになる。この須賀と同名の須我山・須賀社・須賀小川の須我（須賀）の地名もまた『風土記』にある。このように記・紀に類似した神名や地名は、『風土記』にも記されているわけだが、不思議なことに肝心の八岐の大蛇退治の神話は、『出雲国風土記』に記載されていない。

それはいったいなぜか。同行の加藤義成さんと一夜そのことをめぐって意見を交換した。すでに加藤さんは、八岐大蛇神話についての注目すべき見解を公にしておられるのだが、その説には傾聴すべきところが多い。『風土記』の母理《もり》郷や拝志《はやし》郷に物語られている、天の下造らしし大神が、越《こし》の八口《やくち》を平げる話なども、あるいは関係があるかもしれない。だが、その主人公が異っている。それればかりではない。そこにいう八口は地名であって、記・紀の大蛇退治神話とはそのおもむきに大きな相違がある。

船通山をあおぎみる私の胸には、八岐の大蛇の神話をめぐる疑問がいっそう強まってきた。これまでさまざまに論議されてきた八岐大蛇の神話が、天平五(七三三)年に完成した『出雲国風土記』に全く記されていないのはなぜか。編集者が書き落したのだという説明だけでは納得できない。

なるほど、斐伊川流域には八岐の大蛇神話にまつわる伝承の地がある。しかしこれは、室町時代から江戸時代にかけての出雲の地域の史料をみてもわかるように、記・紀の神話にもとづいて、後につくられていった伝承地である。十六世紀にはわずかであったものが、十八世紀になると、伝承地の数がぐっとふえてくることのなりゆきにも、その状況は反映されている。

私の考えは、加藤さんと若干異っているが、そのおよそにおいては加藤説に近い。斐伊川流域の農耕儀礼とその神話が、八岐大蛇神話の原形にあって、それが宮廷神話の世界で、越《こし》(北陸)

の八岐の大蛇退治神話として完成されたのではないかと思う。その詳細は別に論じるつもりだが、記・紀における八岐の大蛇神話は、出雲においてできあがったのではなく、大和において完成された神話であった。

## たたらの遺跡

『出雲国風土記』の横田郷（奥出雲町の横田・鳥上・八川などの地域）の条には「以上の諸郷より出す所の鉄」の伝承がある。八方の嶺に分れた山の霊地と砂鉄と。それは記・紀が大蛇の尾よりでた霊剣を、ヤマトタケルの説話に登場する草薙剣に結びつけるのにふさわしい場所であった。その虚実が出雲の歴史と文化のなかに改めて浮びあがってくるのである。

「村下《むらげ》さまとてどなたのことか往けば鑪《たたら》の左座に」

これは飯石郡吉田村の菅谷《すがや》に伝えられているたたらの歌である。

斐伊川上流の地域で、とくに印象的だったのは、たたらの遺跡とそれにまつわる伝承であった。たたらという言葉が、踏んで風をおこす、踏鞴《ふみふいご》を意味したことは、『日本書紀』がヒメタタライスズヒメのタタラに、踏鞴をあてている例などによってもわかる。そしてその言葉は、他方において製鉄の施設あるいは製鉄法を意味する言葉としても用いられていた。

雲南市の三刀屋町から掛合町をへて吉田村（現雲南市吉田町）に入った私は、村役場の北一キロの地にある菅谷の山内をたずねた。ここでは製鉄施設である高殿をもたたらとよんでいた。昭和四十二（一九六七）年に重要民俗資料の指定をうけた建物がそれであった。

海抜約三百五十メートルの菅谷山内の地には、高殿、元小屋（事務所）などが、むかしさながらに保存されている。支配人の下に、村下《むらげ》・炭坂・鉄穴師《かんなじ》・炭焚・鉄打《かねうち》などがいた。冒頭の歌にいう村下とは、その製鉄の技師長をいう。炭坂とはその補佐役である。

高殿の入口側の中央には、炉土を置いたもとの土町があった。内部のまんなかに炉があって、そのまわりに四本の押立柱が立つ。奥には砂鉄の置場である小鉄《こがね》町があり、その左右に木炭置場の炭町がある。それぞれの場所を町と名づけて仕切ってあるのが面白い。

炉の左側には、村下座・炭焚座・山配詰所が、右側には炭坂座・番子などの座がしつらえられている。たたらの指揮をとる村下さまの座は、歌の通りに、炉の左側上手に位置していた。

島根県教育委員会の石塚尊俊さんは、出雲地域の歴史と民俗に詳しい篤学の人だが、その石塚さんらが編集した「菅谷鑪」によると、大正十（一九二一）年の釜出しを最後に、たたらの火は消え、大正十二年にはついに閉山したと述べられている。昭和十四年から翌年にかけて、一時たたらは復活したが、採算があわずに中止となる。

それにしても、たたらがその施設の面影を、今にはっきりと残しているのは貴重である。七月豪雨のためか、屋根はかなり破損して雨漏りがひどい。ここでも文化財保存の遅れを痛感したことではあった。

菅谷山内のたたらの伝承者であり、十四代の村下であった堀江要四郎さんが、高殿で待っていて下さった。今年八十六歳という堀江さんは、十二歳の時からたたらで働き、炭焚をつとめて、十八歳のおりに炭坂となり、二十歳で村下になった人。炉の火が消えるその時までの村下であった。

とても八十六歳とは思われない元気さで、情熱こめてたたらの最後を語る。つらかった若き日の思い出。炉の火が消えたその時の悲しみ。その一語一語に熱がある。そしてその熱いたたらへの想いが、堀江さんの眼頭をうるませる。顔がよい。眼がすずしい。

「いまでも毎日毎日たたらのことが忘れられん」。そのひとことが、たたらひとすじに生きてきた堀江さんの生涯を的確に表現していた。むかしは、おなごは押立柱から中へ入ることはできなかった。たたらの作業がはじまると、弁当は窓の外から差し入れにきたものだ。村下時代の話になると、いかにも堀江さんは得意げである。製鉄作業のあらましを身振り手振りをまじえて説明される。

たたらを愛し、たたらと共にくらしてきた堀江さんの姿には、道ひとすじのまことが宿っていた。思わず胸にこみあげるものがあった。

『出雲国風土記』が明記している砂鉄の伝承と、製鉄操業の一代《ひとよ》（一区切り）・一代を大事にしてきた労働とが二重写しとなってこころにひびく。

## 海潮の神々

奥出雲の温泉として名高いものに、海潮《うしお》温泉がある。斐伊川の支流である赤川の谷間に湧出する海潮の温泉郷のことは、『出雲国風土記』にもみえている。

ウノヂ（海の道）ヒコノミコト（海神）が親神スガネノミコト（須我の地主神）のしわざを恨んで、北方の海水を押しあげ、親神を苦しめただよわせたというのが、海潮すなわち得塩《うしお》の由来であると述べられている。

平成八（一九九六）年十月、加茂町（現雲南市）の岩倉遺跡で全国最多の銅鐸三十九個がみつかって、注目を集めたが、その十号鐸に海亀が鋳出されているのも興味深い。海潮郷は赤川の上流に位置し、その下流（猪尾川）の谷奥、加茂岩倉遺跡である。

『風土記』には「須我小川の湯淵村の川中に温泉あり」と記されている。この温泉が湯治客たちに親しまれてきた海潮温泉であった。

海神が陸神を苦しめるという話は、記・紀が伝える山幸彦と海幸彦の神話に類似している。もっとも記・紀では、ホヲリノミコトが海神の教えにしたがって、兄のホデリノミコトを苦しめることになっており、話の内容に違いがある。だが、海潮でもって溺れさすことのしだいは、そのモチーフにおいて共通している。

大東町（現雲南市）中湯石の日原神社の境内には、周囲約十四メートルの霊木があった。昭和十二年に、海潮のカツラとして天然記念物の指定をうけた。『風土記』に載す日原社のありし日の面影をしのぶ聖地である。

社地には産湯の池と称するものがあって、この社の祭神がミアレ（誕生）したおり、この井水を産湯に用いたという。そのゆかりもあって安産の神と近在の人々からあおがれてきた。カツラの霊木にたいする信仰は、たたらにまつわって、斐伊川上流地域に多い。

## 金屋子神

たたら人は、その守護神として金屋子《かなやご》神をまつった。金屋子神は、カツラの木に降臨する。菅谷の高殿の前にもカツラがあったが、堀江さんは、金屋子神は吉備の中山のカツラ木にまず降臨したという伝承を物語られた。

こうした吉備中山への降臨伝承のほかに、播磨の岩鍋に降臨したという伝承もある。菅谷たたらでまつられている金屋子さんは、比田黒田の金屋子神の分霊であった。菅谷たたらの経営者であった田部家がまつる金屋子神社とは別に、菅谷山内にも金屋子さんがまつられている。

堀江さんの案内で、たたら人がおまいりする金屋子さんへもうでた。元小屋の前を少しばかり西へ行ったところに金屋子さんの小祠がある。金屋子神は女神と信じられていて高殿のあるところよりは下の方にまつるのだという。

高殿内部にも金屋子神はまつられていたのだが、女神さまが女を嫌い、女を遠ざけるという信仰が、金屋子さんの山内祠の位置までをも低くしている。

報告書『菅谷鑪』は、金屋子神を女と信じたのは、女性の象徴であるたたらのホドコ（火床）が神聖視されたためであろうと推定されていた。鋭い見方である。女神なるが故に、かえって女を遠ざけるという伝承は各地にある。

村下が砂鉄を火床の上にかける行為は、女神との和合を意味するものでもあった。菅谷たたらの背後には、金屋子さんが化粧に用いた水鏡という化粧池がある。金屋子さんは器量の悪い神さんで、たえずその容貌を気にしていらっしゃったとは古老の話。

村下《むらげ》がたたらの職場にいる間は、村下の妻は髪をゆわず化粧もしてはならなかった。もちろんたたらの内部にたち入ることは厳禁されていた。女人がたたらに近づけば、製鉄は失敗するという。このタブーが、金屋子さんを嫉妬深い神さんにしたてあげている。

日原神社のカツラの木をあおぎみて、金屋子神とカツラの因縁が、しみじみと回想された。カツラの木に神が降臨する神話は、金屋子神のほかにも記・紀などに例がある。しかし、海潮神楽や木次町の槻之屋神楽など、出雲神楽のふるさとにみるカツラの木のたたずまいは、また格別であった。

松江藩主で大名茶の発展に大きな足跡を残した松平不昧公《ふまいこう》も、たびたび海潮をおとずれたという。その海潮はいまも涸《か》れてはいない。

昭和四十七年七月の豪雨は、簸川平野の水田に被害を与えたばかりではない。簸川郡斐川町の酪肉牛の飼育農家約五百戸のうち、牛に食わせるワラなどがなくなって、死んだり病気で倒れたりした牛の数は、乳牛で約三百五十頭、肉牛で約四百頭であったと報道されている。

斐伊川氾濫のすさまじさがうかがわれる。ところが皮肉なエピソードもある。集中豪雨が古墳の存在をプレゼントしたという話がそれだ。大原郡加茂町（現雲南市）の岩倉では、集中豪雨で土砂が削りとられて、奥行二メートルの横穴式古墳が発見された。それもそのはず、この地方には未知の古墳が少なくないのである。

荒れ狂う斐伊川と埋蔵文化財。斐伊川に合流する赤川も、有名なあばれ川である。たびたびの水害にあって、堤防の修理や護岸工事がたえずつづけられてきた。しかしそれだけでは治水の効果をあげることができない。

## 神原神社古墳

そこで川幅を拡張して、あらたに護岸の工事を進めることになった。川幅を拡張するさいに、どうしても邪魔になる古墳と社がある。それが大原郡加茂町神原にある古墳とその上に立つ神原神社であった。

神社は南の堤防の外に移建することにし、古墳はとりこわされることになった。工事に先立って神原古墳の発掘調査が、昭和四十七年の八月二日から行われた。その結果、この古墳は板状の割石を小口積みにした竪穴式石室であることが判明した。長さ五・八メートル、幅は北端で一・三メートル、南端で〇・九メートル、高さは一・四メートルのその石室内部から、割竹形であったらしい木棺がみつかった。

副葬品には、大刀二、鉄鏃約三十、剣、鎌などの多数があったようだが、この古墳がいちはやく世の注目をあびたのは、地元の研究者たちが「景初三年」とよんだ紀年鏡が検出されたためである。

この三角縁神獣鏡が出土した古墳を見学するために、地元の加藤さんと現地へおもむいた。赤川の拡幅工事で、この古墳はちょうど堤防にひっかかっている。すでに工事は進捗して、石室上部の封土をとりのぞかれた古墳がぽつんと残されていた。

神原神社はその南にすでに移建されており、神原古墳が孤立している。神原神社の由緒は古い。『出雲国風土記』にみえる神原社につながる神社であった。

古墳と神社の保存は、古墳と祭祀との関係を考える上でみのがせない問題をふくむ。古墳は築造されたその後にあっても、それぞれの地域における政治的権威の象徴ともなった。また祭祀の対象ともなった。

天武天皇が、その八（六七九）年三月に、奈良県高市郡高取町の舒明天皇陵に参拝したことなどはその代表的なものである。古墳ができ、その後に墳丘上に神社が造営された神原社の場合などは、古墳から寺院への推移のみがとかく重視されてきた通説の盲点になっている。

いわれるように、その紀年鏡が「景初三年」銘であるとすれば、ことは重大である。景初三（二三九）年といえば中国の魏《ぎ》の年号で、邪馬台国問題で論議をよんでいる女王卑弥呼が、魏の皇帝から与えられたという「銅鏡百枚」との関連があらたに浮びあがってくる。

斐伊川の支流である赤川、その流域加茂町あたりの首長であった被葬者はいったい何者か、今後の研究成果に期待したい。

雲南市加茂町宇治には、『風土記』に記載する宇乃遅《うのぢ》の社があった。宇能遅神社がそれである。祭神ウノヂヒコは海神であり、海潮や戀山の伝承と共に、斐伊川の中流・上流地域が海とのつながりをもっていたことを証明する。

## 海と山をつなぐ

山陰の出雲を、陸路でばかり考えるのは誤りである。斐伊川は海と山とをつなぐ、古代人の道でもあった。

斐伊川の中流から上流へと、その史跡と伝説をたずね歩いた私は、ふたたび下流流域にもどってきた。平田市（現出雲市）別所町の鰐淵寺にぜひ行ってみたいと思っていたからである。出雲市平田の猪目洞窟へは、大社町（現出雲市）から山路をたどって、前に訪れたことがあった。そこが『出雲国風土記』にいう黄泉《よみ》の穴である。猪目の浜にうちよせる波浪に浸蝕された断崖の洞穴からは縄文時代から古墳時代にかけての遺物と人骨十数体が出土したという。海上他界の道を信じた出雲人の信仰を反映する、まことに貴重な遺跡であった。はじめてその穴におもむいた、その日その時の感動は、いまも忘れることができない。

斐伊川にそって、口宇賀を通って鰐淵寺への道を急ぐ。出雲大社の背山《せやま》いわゆる北山の背面に位置する渓谷の杉木立が、夜来の雨に洗われてあざやかであった。大慈橋をわたる。このあたりの紅葉は錦の絵巻とまがうばかりである。紅葉が夕陽に照らされて清流に和す。

むかしの由緒は、さだかでない。だが、仁平元（一一五一）年の在銘石製経筒などによって、鎌倉時代以前の往古をしのぶことができる。

鰐淵という名の由来については、興味深い伝説があった。開山智春上人が仏器をあやまって滝壺に落したところ、にわかに淵がもりあがり、大きなワニが仏器を鰓《えら》にかけて、上人にささげたという。

斐伊川とワニのつながりは、戀山の伝説にもはっきりと物語られていたが、鰐淵寺の名のおこりにも、ワニが登場するのである。神話や伝説におけるワニサメの文化圏を考える上でみのがせない伝承のひとつであろう。

大慈橋をわたって左へ向う。天竺の霊山が浪に浮んで流れきたったという浮浪山、浮浪の滝へのけわしい小径は、昼なお暗い。徒歩で約八分。たぎつ清流は、いくすじもの白糸となり白布となったかにみえて、人々のこころに迫る。

山王七仏堂の裏の小路をたどって行くと、そこに洞窟があり蔵王堂が建つ。重文の石製経筒はここで発見されたらしい。鬼気があたりに充満して、寺伝にいう化人の出現がげにもと思われた。二万三千余坪の境内には、根本中堂・常行堂・鐘楼などが造営されている。たびたびの災禍にあったが、そのたたずまいには、出雲屈指の伽藍の面影が保持されていた。

鐘楼の銅鐘は、もと倉吉市西郊の大日寺にあったもので、寿永二（一一八三）年の銘がある。その鐘には弁慶が一夜のうちに持ち帰ったとする俗説が付加されていた。弁慶にまつわる伝説は鰐淵寺にも波及している。

この寺でもっとも注目すべきものは、壬辰の年（六九二）に出雲国の若倭部臣《わかやまとべのおみ》徳太理《とこたり》が発願して作った、金銅の観世音菩薩立像である。高さ八十センチの白鳳仏は、山陰地域における古代仏像彫刻の代表として著名である。

## 神も仏も

出雲といえば、とかく神々の世界ばかりに眼を奪われやすい。事実、延長五（九二七）年に完成した「延喜式」に載っている神々の数は、大和・伊勢についで多い。いまも出雲のあの山そしてあの川に神々がしずまっている。

けれども、古代人にとっては、神と仏は対決するものではなかった。若倭部臣は『出雲国風土記』の出雲郡の条の編集責任者の一人として名を連ねており、天平十一（七三九）年の文書をみても、出雲郡・神門郡に若倭部を名のる人々が居住していたことがわかる。

若倭部臣の発願になるこの白鳳仏が、いつどのようにして鰐淵寺におさまったのか。その詳細は不明だが、出雲地域の豪族が、神と共に仏に帰依した場合のあることは疑えない。

慶応四（一八六八）年三月、明治の新政府は神仏分離を命じた。出雲ではそれよりも早く寛文七（一六六七）年には神仏分離がはじまっている。にもかかわらず、鰐淵寺には鎮守摩陀羅神社がまつられてきた。そのように、神仏の習合と共存は根強くつづくのである。出雲の古寺にも日本文化の光と影が渦まいているのを実感する。

斐伊川は古代から現代を貫流する出雲の大河であった。『出雲国風土記』が斐伊川を「斐伊の大河」と記したのも当然であった。

その大河は時として田畑をうるおすめぐみの水となり、時として荒れ狂う洪水となる。木次町の円覚寺境内には、弔溺碑と称する花崗岩の巨碑があった。これは文政九（一八二六）年の五月の洪水で多数の溺死者がでたのを供養するために建てられたものである。

人柱の伝説も悲哀をこめて語り伝えられている。斐川町（現出雲市）出西の堤が決壊した時には、土地の清太郎とそのしもべの清十郎が入水して人柱となり、出雲市武志の土手が切れたおりには、ひとりの僧侶が人柱になったという。

## おそれとつつしみ

斐伊の大河にたいするおそれとつつしみは、垂仁帝の皇子とするホムツワケの伝承にもみいだすことができる。ホムツワケは唖の皇子であった。占いをすると出雲大神のたたりであると判明したので、大神を拝むために、皇子は出雲へおもむいた。

出雲の大神にもうでた帰途、肥の河（斐伊川）の中に橋をつくって仮宮をいとなんだ。そのさい出雲国造の祖先が、青葉の山を「河下」に立てて、もてなしをしようとした。するとホムツワケは「アシハラシコヲの大神をまつる祝《はふり》（神主）の大庭（祭場）か」と、はじめて話すことができたという。

一夜肥長比売《ひながひめ》と結婚する。ところが夜ひそかに比売をみて驚いた。その美しい乙女は蛇の化身であった。ホムツワケはおそれおののいて逃げ帰った。これは『古事記』の所伝である。ホムツワケの説話は『日本書紀』にも載っているが、話のすじはかなり違う。鵠《くぐい》をみて、ホムツワケはものを言うことができた。そこで、その鵠を追って出雲で捕獲するというすじの運びになっている。

『古事記』の伝えでとりわけ注目すべき点は、斐伊川の河下に、神まつりをするしるしの山が立てられたと記していることや、斐伊川の神が肥長比売という蛇の女神であったと描かれていることである。

川の神を蛇神として畏怖し、他方河下でまつりをしたとするこの伝承には、斐伊川を聖なる川としながらも、一方で恐るべき川とした、その二面性が反映されている。

伝承地のひとつに斐伊川町求院の八幡宮近くの森がある。その森で鵠を捕えたから、むかしはこの村を鵠村とよび、後に求院に改めたのだとの伝えがそれである。境内の西を流れる川を鳥越川とよんでいて、いかにももっともらしい。だが、前掲の『古事記』の説話も、最終的には宮廷で完成したものであり、伝説と歴史とを混同するわけにはいかない。しかし九世紀のはじめにできた『新撰姓氏録』では、これを出雲市斐川町宇屋谷のこととしているから、平安時代のはじめまでには、斐川町のあたりと結びついた伝説になっていたことはたしかであろう。

出雲は言霊《ことだま》の信仰とゆかりが深い。天智帝の息子であった建皇子は唖の人であったが、そのなくなった翌年には出雲の神の宮の造営がなされている。また『風土記』にもオオナムチが唖の子神に、言葉を話すことができるようにしたという説話がしるされている。

斐伊川にかけられた神立橋のほとりにたたずんで、しばし出雲人の信仰と斐伊川との出会いを追想したことではあった。

昭和四十七年の九月、松江市大庭町有《あり》に「八雲たつ風土記の丘」がオープンした。その地名の大庭は斎場であり、有はすなわち神のみあれを意味している。

平面は前方後円墳を形どり、立ちあがりは神社建築になぞらえた資料館の展望台から、出雲国造の本拠であった意宇の山野をのぞむ。開発の波にさらされつつある斐伊川の歴史と風土をいかにして守り生かすか。今日の出雲人たちのあらたな英知が問われている。風土記の丘をたんなる観光資源にしてはなるまい。文化財保存のとりでにしてほしいとの願いが、観光公害にさらされている宍道湖の現在に重なって、ふたたび胸にこみあげてきた。

# 宗像三女神と沖ノ島祭祀遺跡

## 沖ノ島の祭祀

宗像《むなかた》（胸形）三女神は、上（表）筒男之命・中筒男之命・底筒男之命の住吉三神とならぶ古代日本の代表的な海神であった。しかし津守連らが奉斎した「墨吉（住吉）大神」と宗像君らが祭祀した宗像三女神とのありようには差異があり、上（表）津綿津見（少童）神（命）・中津綿津見（少童）神（命）・底津綿津見（少童）神（命）を「祖神」とした阿曇連らの海神とも、そのおもむきは異なっていた。

そのことをより明確に物語るのが、沖ノ島祭祀遺跡である。玄界灘に浮かぶ沖ノ島は、海の正倉院とよばれるほど、朝鮮半島、中国大陸、ササン朝ペルシヤの各地につながる貴重な祭祀遺物が出土し、四世紀から九世紀にかけての祭祀の推移を物語る、注目すべき祭祀遺跡は、在地の信仰はもとよりのこと、王権とまつり・国家と祭祀・外交と信仰のかかわりを象徴する。

沖ノ島は福岡県宗像の沖あい、宗像市玄海神湊《こうのみなと》から五十七キロメートルの地点にあり、壱岐の芦辺《あしべ》まで五十九キロメートル、対馬の厳原《いつはら》まで七十五キロメートル、韓国の釜山まで約百四十五キロメートルに位置する孤島であった。沖ノ島の東西は約一キロメートル、南北約〇・五キロメートル、周囲約四キロメートルで、必ずしも大きな島ではない。

しかしこの沖ノ島には宗像大社の沖津宮《おきつみや》が鎮座して、タコリヒメノミコトが祀られている。そして「不言島」ともよばれる神の島・沖ノ島には独自の忌言葉《いみことば》があり、古来女人禁制で、上陸のさいには海水の〝みそぎ〟をするさだめであった。

沖ノ島に秘宝の存在することは、江戸時代から知られており、たとえば貝原益軒の『続諸社縁起』にも書きとどめられている。そして江戸時代後期の国学者青柳種信は、実際に現地におもむいて調査もした。明治二十一（一八八八）年には太宰府天満宮の神官であった江藤真澄が、島をたずねて「宝蔵回り」を行なっている。だが沖ノ島の本格的調査が実施されたのは、宗像大社復興期成会がその事業の一環として、昭和二十九年から調査に着手したのにはじまる。これまでの研究成果は『宗像沖ノ島』（Ⅰ～Ⅲ）などに詳述されているが、第一段階の岩上遺跡（四～五世紀）、第二段階の岩陰《いわかげ》遺跡（五～七世紀）、第三段階の半岩陰・半露天遺跡（七～八世紀）、第四段階の露天遺跡（八〜九世紀）ほかの調査のみのりには注目すべきものがある。

ところで宗像の女神は沖津宮のみに鎮座したのではなかった。宗像市大島の中津宮《なかつみや》にはタギツヒメが、宗像市田島の辺津宮《へつみや》にはイチキシマヒメがそれぞれに祭祀されている。宗像三女神の神々がそれらである。『古事記』・『日本書紀』の神話における三女神出生のいわれにかんする考察は、すでに『大王の世紀』（小学館、一九七三年）でも言及したので、ここでは重複をさけるが、『古事記』と『日本書紀』の所伝には、つぎのような留意すべきちがいがあった。

宗像三女神がアマテラスオホ（ミ）カミとスサノオノミコトの誓約にもとづいて誕生したとする点や、宗像三女神を「胸形君らのもちいつく三前《みまえ》の大神なり」（『古事記』、ただし『日本書紀』本文では「筑紫の胸肩君らが祭る神是なり」と書く）とするところは共通している（『古事記』がタギリヒメと記すのを、『日本書紀』がタコリヒメと書くのは、類音による転訛であろう）。

しかし、第一に、誓約（宇気比《うけひ》）の内容が、『古事記』と『日本書紀』とでは異なっている。『古事記』では三女神の出生によってスサノオの「清明」が証明されたとするのに対して、『日本書紀』ではスサノオの「清心」は五男神の出生によって明らかとなる。この相違を『古事記』と『日本書紀』の編述者の立場や思想のひらきとみなす考えもあるが、宗像君らの原伝承では、剣から三女神が生まれたと信奉され、それを「聖なる晴（ハレ）の語り」のなかで伝えていたものと考えられる。

第二に、『古事記』では息吹《いぶき》の霧によってタギリヒメ（またの名はオキツシマヒメ、奥津宮）、イチキシマヒメ（またの名はサヨリヒメ、中津宮）、タギツヒメ（辺津宮）とするが（『日本書紀』の本文もほぼ同じ）、『日本書紀』の第一の「一書」では、「十握剣《とつかのつるぎ》」からオキツシマヒメ、「九握剣《ここのつかのつるぎ》」からタギツヒメ、「八握剣《やつかのつるぎ》」からタコリヒメが誕生したと物語る。剣が三種類つまり「十」「九」「八」の「握剣」と伝えられている。

第三に、『日本書紀』の第一の「一書」では『古事記』がオキツシマヒメとタギ（コ）リヒメを同一神とするのを別神としたが、その点は第三の「一書」でも同じであり、「十握剣」からオキツシマヒメ（またの名はイチキシマヒメ）、「九握剣」からタギツヒメ、「八握剣」からタコリヒメが出生したとする。この所伝もまた剣を三種類に分けている。

第四に、鎮座地および降臨をめぐる伝承も、『古事記』と『日本書紀』とではへだたりがある。『日本書紀』の第二の「一書」では、オキツシマヒメが「遠瀛《おきつみや》」にまし、タコリヒメが「中瀛《なかつみや》」、タギツヒメが「海浜《へつみや》」にますと記す。第一の「一書」では三女神は「筑紫洲《つくしのくに》」に降らしめ、「汝三神は、道中に降」るとし、第三の「一書」では「葦原中国《あしはらのなかつくに》の宇佐嶋に降りまさしむ、今、海北道中にます」と伝える。そして第三の「一書」は「なづけて道主貴《ちぬしのむち》と曰《もう》す、此、筑紫の水沼君《みぬまのきみ》らが祭る神是《これ》なり」と述べるのである。

鎮座地にかんする伝えは西海道『風土記』逸文にもあるが、どの所伝でも沖津宮・奥津宮・遠瀛をまず最初に記しており、奥津宮の祭神が三女神のなかでも、もっとも重視されていたことがうかがわれる。

このように『古事記』・『日本書紀』などの伝承上のひらきは、宗像（胸形）の女神をめぐる所伝に、新旧があり、その伝承に時代相のあったことを示唆する。

## 三女神の奉斎

そこで問題は、この三女神を奉斎した氏族がいったいどのような氏族であったかという点にかかわってくる。

宗像の女神の祀りは本来宗像君によってになわれていたとみなすか。そうではなくて水沼君らが主体となっていたのが、宗像君にとって代わられたとするのか。もともと沖ノ島の神の祀りはヤマト王権によってなされ、沖ノ島祭祀の第二段階（岩陰遺跡）つまり五世紀後半から六世紀代になって、宗像君らの在地氏族が祀りに関与するようになったと想定するのか、その祭祀集団のありようについても諸説が提出されている。

水沼君の本貫は福岡県三潴《みずま》郡三潴郷のあたりにあった。水沼の氏名が象徴するように、それは水郷にちなんだ呼称である。『日本書紀』の景行天皇四年二月の条にみえる水沼別《みぬまわけ》、同十八年七月の条に記す水沼県主猿大海《みぬまのあがたぬしさるおおあま》、雄略天皇十年五月の条に登場する水間君などの伝承も、そのゆかりの記載である。水沼君らが宗像神の奉斎に参加したことはたしかであったが、水沼君が宗像神のもともとの奉斎氏族であったとは考えにくい。むしろ宗像女神の神威がひろがる過程で、水沼君らも宗像神の祀りに参与するようになったとみなすべきであろう。

宗像三女神の祭祀がヤマト王権の航海神として開始され、のちに宗像君が祀るようになるとの見方にも、にわかに賛同することはできない。沖ノ島の祀りは、もともと在地海人《あま》集団の島神であって、やがて在地の有力氏族宗像君らの奉斎神となり、ヤマト王権との結合もあって、ついには国家的な海神へ昇華したとするほうがより妥当ではないか。

その点で注意されるのは、阿曇集団と宗像の海人集団とのかかわりである。『万葉集』には、「筑前国志賀白水郎《しかのあま》歌十首」（巻十六、三八六〇〜三八六九）にかんしてつぎの左註を記す。

右、神亀年中に、大宰府、筑前国宗像郡の百姓宗形部津麻呂《むなかたべのつまろ》を差《さ》して、対馬送粮の舟の柁師《かじとり》に充つ。ここに津麻呂、滓《かす》（糟）屋《や》郡志賀村の白水郎荒雄《あまあらお》が許《もと》に詣りて語りて曰《いわ》く、「僕《われ》、小事あり、けだし許さじか」といふ。荒雄答へて曰く、「われ、郡を異にすれども、舟を同じくすること日久し、志は兄弟より篤し、殉死することありとも、あにまた辞《いなび》めや」と、

（後略）

こうして宗形部津麻呂に交替して対馬へ志賀白水郎の荒雄が渡海し、暴風雨にあってついに沈没するという悲話がその内容である。「神亀年中」（七二四〜七二九）のこととはするが、宗形部津

麻呂の統率氏族は宗像君であり、志賀の白水郎はその居住地から推しても、阿曇連に属した漁民であったことはほぼまちがいない。

この宗像系の海人と阿曇系の海人とが、「船を同じくすること日久し、志は兄弟より篤《あつ》し」と語り合ったというつながりに、玄界灘沿岸海民のありし日がしのばれる。宗像の地域の有勢な政治集団が、宗像君を氏族名とするのは、五世紀後半以後と考えられるが、その故に宗像系の海人が沖ノ島の海神を畏敬しなかったとは思われない。その信仰は、志賀系の海人が志賀（加）の海神を古くから信奉したのと同様であろう。

その点で興味深いのは、宗形（像）系の海人が外洋航路型ないし海外志向型であり、阿曇系の海人が沿岸航路型ないし内国志向型とする指摘である。事実、志賀の海神は外洋航路とのかかわりが少ないのにくらべて、宗像の海神はまさに「海北道中」の「道主貴」としての神格をもつ。そのような由来が、宗像三女神を、航海神、国家神へと昇華していく要素ともなりえたのであろう。

## 島神の二つの顔

沖ノ島の島神（海神）には、「内なる島神と外なる島神」の二つの側面があった。岩上の祭祀遺跡のなかで、量的にも質的にも祭祀遺物が豊富な十七号遺跡と、比較的遺物の少ない十九号遺跡の差は、祭りの内容の差異というよりも、後者は宗像系集団の祭祀で、前者はヤマト王権を媒体とする祭祀、という相違にもとづくものかもしれない。

沖ノ島では、四世紀から五世紀のころにかけて祭祀遺跡が登場し、その伝統は九世紀にまでおよぶが、朝鮮半島や中国大陸の文物とつながる遺物などは、中国・朝鮮半島からの帰途の人びと、ないしは海外からの渡航者の奉献物を含むと考えられるが、遣隋使・遣唐使の時代には、よりいっそう国家的な航海神としての神格を強めていったことは想像にかたくない。

だが、当初から沖ノ島祭祀遺物がヤマト王権による奉献物のみによってしめられていたと断言することは尚早であろう。倭の五王時代などにあっては、宗像系をはじめとする海人集団も、独自に朝鮮半島南部などとの交渉を保有していたことが想像されるし、六世紀以降においても、たとえば筑紫国造磐井が「新羅」と「貨賂《まいない》」の結びつきをもち（『日本書紀』継体天皇二十一年六月の条）、また火葦北《ひのあしきた》国造の子日羅《にちら》が百済におもむいて達率《だちそち》（百済官位の第二位）を得る（『日本書紀』敏達天皇十二年七月の条など）というようなありようも存在していたからである。

沖ノ島祭祀の第三段階、つまり七世紀とその前後のころに、律令的祭祀の「先駆的形態」がみいだされるのはたしかであるが、その海神の信仰が、すべて「海路のむこうにある敵対勢力から国土を守る」という意味の守護神信仰にあったとは断定できない。

沖ノ島の祭祀遺物が、ことごとくいわゆる倭人または日本人の奉献品とみなしうるであろうか。

海外からの使節あるいは渡来人らの奉献もありえたのではないか。たとえば『日本書紀』の応神天皇四十一年二月の条には、東漢《やまとのあや》氏の祖とする阿知使主《あちのおみ》らが筑紫にきたおり、胸形（宗像）大神が工女らを求めたので、兄媛《えひめ》を奉献したとする説話がある。

私がそのように考えるのは、住吉神をめぐる伝承とは異なって、ヤマト王権と対立する伝承が、宗像神の信仰には重要な側面として内包されているからである。『日本書紀』の履中天皇五年三月の条には、筑紫にます三神（宗像の三女神）が宮中に現われて、「何ぞわが民を奪ふ、吾、今汝に慚《はじ》みせむ」と告げたという伝えがある。「宮中」では宗像三神を祈りはしたが祭らなかったという。宗像神がヤマト王権と対決する説話である。これには後日譚があって、同年十月の条には、車持《くるまもち》君が筑紫へおもむき、車持部を徴発し「充神部《かんべのたみ》」を奪ったので、祟りする宗像三神に、筑紫の車持部と宗像神の「充神部」つまり「神部」を「更に分ちて」、奉献したと物語る。ここではヤマト王権に祟りする神として宗像神が登場する。

雄略天皇九年二月の条には、ヤマト王権から派遣された凡河内直《おおしかわちのあたい》香賜《かたぶ》が胸方（宗像）神を祭る「壇所」（神域）で采女《うねめ》を奸《おか》し、同年三月の条には、新羅を征討しようとする倭王を、「神」（宗像神）がいましめて中止せしめるという伝承もある。宗像神の神格には宗像地域における独自の海神としての要素が保有されていたが故の所伝であろう。

宗像の神は住吉大神のように、いわゆる新羅征討を神助する大神としては登場しない。逆に新羅征討を諫止するという神威もあった。

沖ノ島祭祀遺跡の第一段階である岩上遺跡の第十六号遺跡から鉄鋌二、正三位社前遺跡から鉄鋌九が出土しているが、これらの鉄鋌は朝鮮半島南部とのつながりを示唆する。また第二段階の岩陰遺跡である第七号・第八号遺跡から百数十点の金銅製馬具がみつかったが、その多くは新羅からの渡来品で、新羅製と考えられる金銅製杏葉二十五点が出土している。

「内なる島神」と「外なる島神」の両側面のうち、とりわけ航海神として重視され、さらに天武天皇が宗像君徳善の娘尼子《あまこ》娘《いらつめ》との間に高市皇子《たけちのみこ》を生むというような状況が形づくられてくると、よりいっそう国家神としての色彩を強めてくる。そして文武天皇二（六九八）年には宗像郡の郡司は、とくに連任を許可され、九州における唯一の神郡として宗像郡が位置づけられるにいたる。

もっとも沖ノ島の祭祀遺跡が、遣唐使の廃止と軌を一にするかのごとくに終焉するのとあわせて、宗像大神の国家神的側面も稀薄化していく。そして中世武士団の信奉する神や、あるいは博多をはじめとする海外貿易にしたがう商人らの守護神ともなる。

## 宗像の神社

以上、住吉三神と宗像三神を対比しながらその原像と神観・神格の発展をかえりみてきたが、宗像神が航海神として神聖視されるようになると、筑紫の宗像神の信仰は、西から東へと拡延する。その信仰圏のありようは『延喜式』の所載社をみても、ある程度推測できる。

筑前国宗像郡の宗像神社（三座）は名神大社の宗像神であり、いわば宗像女神の「本社」であった。大和国城上郡の宗像神社（三座）も名神大社で、『三代実録』の元慶五（八八一）年十月十六日の条には、「大和城上郡従一位勲八等宗像神社、筑前国本社に准じて、神主を置く」とあるように、筑前国の宗像神社に准ずる宗像社であった。大和国の宗像神社は、寛平五（八九三）年十月二十九日の「太政官符」にも明記するように（『類従三代格』）、大和城上郡の宗像神は筑前国の宗像神と「同神」であり、高市皇子が「氏賤年輪物」を分ちて「神舎を修理」せしめた社であった。尾張国中島郡にも宗形神社（一座）が鎮座する。大海人皇子のその諱「大海」は、天武天皇の殯宮《もがりのみや》で大海宿禰菖蒲《あらかま》が「壬生《みぶ》の事」を誄《しぬびごと》したように、その乳母「大海氏」にちなんだものであった。壬申の乱には、「尾張国守」が「二万の軍」を率いて大海人軍に参加したが、そのなかには尾張の海人集団もあった。そして『和名類聚抄』に記すとおり、尾張国には海部《あまべ》郡や海部郷があり、『先代旧事本紀』などには中島海部直の所伝を載す。やはり壬申の乱を媒体に、尾張国の宗形神社は勧請されたと想定できる。

　式内社としての「宗（胸）形神社」は、備前国の赤坂郡と津高郡に各一社、下野国寒川郡に一社がみえ、さらに伯耆国会見郡に一社が記載されている。出雲と筑紫の地域が弥生時代から密接なかかわりをもっていたことは、島根県出雲市斐川町神庭遺跡の銅鉾にもみいだされ、出雲振根と筑紫との関係伝承や、出雲大社の西向き神座の正面に筑紫社が鎮座する例などにも明らかである。伯耆国の胸形神社（米子市宗像鎮座）も宗像系の海人集団を媒体として祀られるようになったのであろう。

なお、『和名類聚抄』における海部郡・海部郷・海郷などの分布は、太平洋岸では豊後（大分県）から上総（千葉県）におよび、日本海側では筑前（福岡県）から越前（福井県）にまたがることを付記する。主として西日本に多いが、それらの海部・海人の神も多様であって、住吉神や宗像神のみが奉斎神ではなかった。式内の名神大社である丹後の籠《この》神社の祝《はふり》は海部直であり、但馬の海部の祀る神は、式内の海神社であった。そしてそれらの海部のなかには、渡来系の海部もあった。たとえば『新撰姓氏録』（摂津国諸蕃）に記録する「韓海部首《からのあまべのおびと》」などがそうである。

# あとがき

二十世紀の前半は、第一次・第二次世界大戦が勃発して、地球全体が戦争の渦にまきこまれた戦争の世紀であった。二十世紀の後半に入ると、民族の対立や宗教をめぐる紛争が激化し、地球の温暖化や地球の汚染がますます深刻化して、人類の歴史と文化そのものが破滅の危機を迎えつつある。

私はかねてより人間がいかに自然と調和するか、そしてその知恵と体験を蓄積して、人間と自然がどのように「共生」すべきかを、みずからの歴史学の主要な課題のひとつとしてきた。多くの人びとは「共生」を「とも生き」とよんで、自然と共に生きる、多文化と共に生きることが必要であると説いてきた。

しかし「とも生き」は、ややもすると仲良しの現状維持になりがちである。『古事記』は「共生」を「とも生み」と訓《よ》んでいる。異民族・異文化と日本人・日本文化が、未来に向ってあらたな歴史と文化を共に生みだす、人間がいかに努力して、新しい自然との関係を創造してゆくか、それは「とも生み」の「共生」に根ざすべきではないのか。

このたび藤原書店編集部が、私のこころざしをくみとって、森と人間、鎮守の神と日本人、そして日本の地域文化のローカルにしてグローバル（グローカル）な特色と独自性、それらをめぐる論文や講演を選んで、本書を構成していただいた。さらに藤原良雄社長からは、膀胱癌の再発で体調不良の私をあたたかくはげまされた。衷心より感謝する。現在の時点からかなり加筆したが、講演の雰囲気を伝えるために重複している部分でもあえて残したところがある。

一九九四年の十月、国連第四十九回総会は「人権教育のための国連十年」の行動計画を決定し、はじめて「人権文化」という言葉を用いた。国連は「人権文化」の内容を規定していないが、私は「人間がいのちの尊厳を自覚し、人間が自然と共に幸せを生みだしてゆく行動とそのみのり」が「人権文化」だとうけとめている。

二十一世紀がまことの「人権文化」の輝く世紀となるよう期待すると共に、本書が二十一世紀をいかに生き抜くべきかについて、多少なりとも寄与するところがあれば幸いである。

二〇一三年七月吉日

上田正昭

# 初出一覧

## 第Ⅰ部　森と神と日本人

森と日本人――自然と人間の共生の場・「鎮守の森」の再生　『CEL』九五号、大阪ガスエネルギー研究所、二〇一一年七月

伊勢と日本の神々　『伝統文化』二八号、伝統文化活性化国民協会、二〇〇八年夏

伊勢大神の原像　『伝統文化』四三号、伝統文化活性化国民協会、二〇一二年春

京の社――日本文化の象徴　『京都文化フォーラム』、京都府神道青年会創立五〇周年誌、二〇〇三年十二月

伏見稲荷大社の創建と信仰　『稲荷大神』戎光祥出版、二〇〇九年十一月

「鎮守の森」と日本の文化　『社叢学研究』一〇号、社叢学会、二〇一二年三月

三輪山神婚伝承の意義　『大美和』一一六号、大神神社、二〇〇九年十一月

神仏習合史の再検討　『京都府埋蔵文化財論集』第六集、財団法人京都府埋蔵文化財調査研究センター、二〇一〇年十二月

丹波の古社　出雲大神宮　『出雲大神宮史』、出雲大神宮、二〇〇九年十月

鶴見和子がみた南方熊楠　『環』二八号、藤原書店、二〇〇七年冬

## 第Ⅱ部　日本の地域文化

湖国は宇宙有名の地　『サライ』、小学館、二〇一一年六月

「こしの都」と渡来の文化　『ACADEMIA』一一三号、全国日本学士会、二〇〇八年十二月

枚方は古代史でなぜ重要か　『古代の都 HIRAKATA』、樟葉宮一五〇〇年記念実行委員会、二〇〇七年十二月

**住吉大神と地域の文化**　『住吉隣保館ニュース』一号、財団法人住吉隣保館、二〇一一年五月
**『播磨国風土記』と播磨の人びと**　『播磨人気質を探る』、神戸新聞総合出版センター、二〇〇七年十一月
**古代吉備の風景**　『温故知新』第二五回国民文化祭、岡山県実行委員会、二〇一〇年十二月
**出雲の魅力**　『出雲』、島根県立古代出雲歴史博物館、二〇一二年十月
**斐伊川紀行**　『流域紀行』、朝日選書、一九七六年八月
**宗像三女神と沖ノ島祭祀遺跡**　『東アジアの交流』、福岡県教育委員会・宗像市・福津市、二〇〇七年十二月

＊本書収録に際し、表題を改めた場合がある

## 著者紹介

**上田正昭**（うえだ・まさあき）
1927年兵庫県生。日本史学者。専門は古代史、神話学。京都大学名誉教授、世界人権研究センター理事長、高麗美術館館長、姫路文学館館長、島根県立古代出雲歴史博物館名誉館長。1950年京都大学文学部史学科卒業。1963年京都大学助教授、71年教授。大阪文化賞、福岡アジア文化賞、南方熊楠賞、京都府文化特別功労者、京都市特別功労者。主な著書に『帰化人——古代国家の成立をめぐって』（中央公論社、1965年）。『日本神話』（岩波書店、1970年）で毎日出版文化賞受賞。その他、『上田正昭著作集』（全8巻、角川書店、1998-99年）、『歴史と人間の再発見』（藤原書店、2009年）ほか多数。

**森《もり》と神《かみ》と日本人《にほんじん》**

2013年8月30日　初版第1刷発行 ©

著　者　上　田　正　昭
発行者　藤　原　良　雄
発行所　株式会社　藤　原　書　店

〒162-0041　東京都新宿区早稲田鶴巻町523
電　話　03（5272）0301
ＦＡＸ　03（5272）0450
振　替　00160 - 4 - 17013
info@fujiwara-shoten.co.jp

印刷・製本　中央精版印刷

落丁本・乱丁本はお取替えいたします
定価はカバーに表示してあります

Printed in Japan
ISBN978-4-89434-925-4

**“光州事件”はまだ終わっていない**

# 光州の五月

**宋 基淑**
**金松伊訳**

一九八〇年五月、隣国で何が起きていたのか？ そしてその後は？ 現代韓国の惨劇、光州民主化抗争（光州事件）。凄惨な現場を身を以て体験し、抗争後、数百名に上る証言の収集・整理作業に従事した韓国の大作家が、事件の意味を渾身の力で描いた長編小説。

四六上製 四〇八頁 三六〇〇円 （二〇〇八年五月刊） ◇978-4-89434-628-4

**激動する朝鮮半島の真実**

# 朝鮮半島を見る眼

**（「親日と反日」「親米と反米」の構図）**

**朴 一**

対米従属を続ける日本をよそに、変化する朝鮮半島。日本のメディアでは捉えられない、この変化が持つ意味とは何か。国家のはざまに生きる「在日」の立場から、隣国間の不毛な対立に終止符を打つ！

四六上製 三〇四頁 二八〇〇円 （二〇〇五年一一月刊） ◇978-4-89434-482-2

**「在日」はなぜ生まれたのか**

# 歴史のなかの「在日」

**藤原書店編集部編**
**上田正昭＋杉原達＋姜尚中＋朴一／金時鐘＋尹健次／金石範 ほか**

「在日」百年を迎える今、二千年に亘る朝鮮半島と日本の関係、そして東アジア全体の歴史の中にその百年の歴史を位置づけ、「在日」の意味を東アジアの過去・現在・未来を問う中で捉え直す。

四六上製 四五六頁 三〇〇〇円 （二〇〇五年三月刊） ◇978-4-89434-438-9

**津軽と朝鮮半島、ふたつの故郷**

# ふたつの故郷《ふるさと》

**（津軽の空・星州《ソンジュ》の風）**

**朴 才暎**

雪深い津軽に生まれ、韓国・星州（ソンジュ）出身の両親に育まれ、二十年以上を古都・奈良に暮らす——女性問題心理カウンセラーとして活動してきた在日コリアン二世の、初のエッセイ集。「もしいまの私に“善きもの”があるとすれば、それは紛れもなく、すべてあの津軽での日々に培われたと思う。」

四六上製 二五六頁 一九〇〇円 （二〇〇八年八月刊） ◇978-4-89434-642-0

弱者の目線で

## 弱いから折れないのさ

岡部伊都子

「女として見下されてきた私は、男を見下す不幸からも解放されたい。人権として、自由として、個の存在を大切にしたい」（岡部伊都子）。四十年近くハンセン病元患者を支援してきた著者が、真の「人間性の解放」を弱者の目線で訴える。

**題字・題詞・画＝星野富弘**

四六上製　二五六頁　**二四〇〇円**
（二〇〇一年七月刊）
◇978-4-89434-243-9

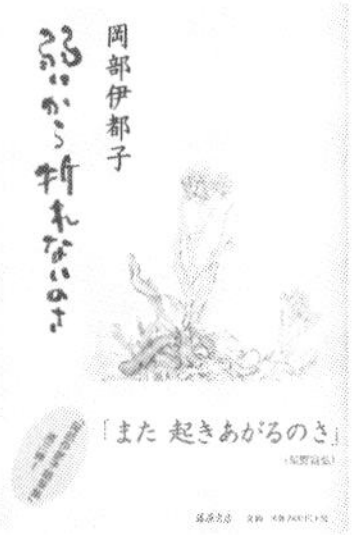


賀茂川の辺から世界へ

## 賀茂川日記

岡部伊都子

「人間は、誰しも自分に感動を与えられる瞬間を求めて、いのちを味わわせてもらっているような気がいたします」（岡部伊都子）。京都・賀茂川の辺から、筑豊炭坑の強制労働、婚約者の戦死した沖縄……を想い綴られた連載「賀茂川日記」の他、「こころに響く」十二の文章への思いを綴る連載を収録。

A5変上製　二三二頁　**二〇〇〇円**
（二〇〇二年一月刊）
◇978-4-89434-268-2

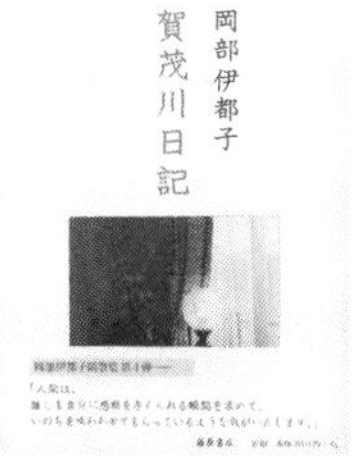


母なる朝鮮

## 朝鮮母像

岡部伊都子

日本人の侵略と差別を深く悲しみ、日本の美術・文芸に母なる朝鮮を見出す、約半世紀の随筆を集める。

**［座談会］井上秀雄・上田正昭・岡部伊都子・林屋辰三郎**
**［題字］岡本光平　［跋］朴菖熙**
**［カバー画］赤松麟作**
**［扉画］玄順恵**

四六上製　二四〇頁　**二〇〇〇円**
（二〇〇四年五月刊）
◇978-4-89434-390-0

本音で語り尽くす

## まごころ

**（哲学者と随筆家の対話）**

**鶴見俊輔＋岡部伊都子**

〝不良少年〟であり続けることで知的錬磨を重ねてきた哲学者・鶴見俊輔。〝学歴でなく病歴〟の中で思考を深めてきた随筆家・岡部伊都子。歴史と学問の本質を見ぬく眼を養うことの重要性、来るべき社会のありようを、本音で語り尽くす。

B6変上製　一六八頁　**一五〇〇円**
（二〇〇四年一二月刊）
◇978-4-89434-427-3

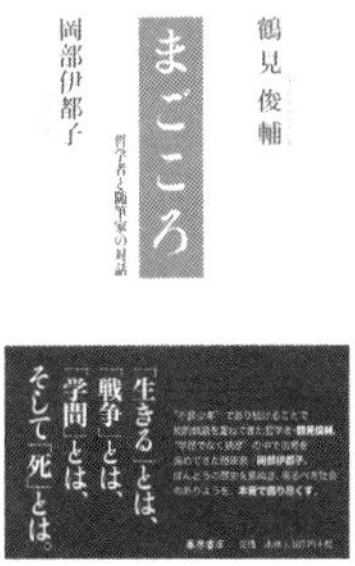